浙江省普通高校“十三五”新形态教材
高职高专电子信息类系列教材

华为组网技术新形态立体化教程

主　编　尹建璋

副主编　李　蕾　杨淑贞　张丽虹
　　　　胡　军　胡双全

西安电子科技大学出版社

内容简介

本教材采用考试的形式，实现华为模拟器 eNSP 的考试功能。学生按教材中的任务指导完成操作后交卷，然后利用系统对完成任务的情况进行评价。系统可对操作不正确的地方予以提示，使学生能及时了解自己完成任务的情况，同时利于教师调整教学进度并讲解学生操作时易出偏差的技术技能点，提升教学效果。

本教材精选了 25 个任务。每个任务都包含任务拓扑、任务要求、任务目标、相关知识及操作步骤，并提供二维码可扫描获取拓展知识。任务 1～任务 12 为路由器相关配置技术，包括路由器基本配置、静态路由配置、RIP 配置、OSPF 配置；任务 13～任务 21 为交换机相关配置技术，包括链路聚合配置、Hybrid 端口配置、VLAN 配置、生成树配置、VRRP 配置以及三层交换配置等；任务 22～任务 25 为网络安全配置技术，包括 ACL 配置、NAT 配置、防火墙配置等。

本教材可作为高职高专院校相关专业的“路由交换技术”课程教材，也可作为教师、其他专业学生、网络爱好者的参考书。

图书在版编目(CIP)数据

华为组网技术新形态立体化教程 / 尹建璋主编. —西安：西安电子科技大学出版社，2020.12 (2022.8 重印)

ISBN 978-7-5606-5917-6

Ⅰ. ①华…　Ⅱ. ①尹…　Ⅲ. ①组网技术—高等职业教育—教材　Ⅳ. ①TP393.032

中国版本图书馆 CIP 数据核字(2020)第 218438 号

策　　划　毛红兵
责任编辑　马晓娟
出版发行　西安电子科技大学出版社(西安市太白南路 2 号)
电　　话　(029)88202421　88201467　　邮　　编　710071
网　　址　www.xduph.com　　电子邮箱　xdupfxb001@163.com
经　　销　新华书店
印刷单位　陕西天意印务有限责任公司
版　　次　2020 年 12 月第 1 版　2022 年 8 月第 3 次印刷
开　　本　787 毫米×1092 毫米　1/16　印张 12
字　　数　283 千字
印　　数　1501～3500 册
定　　价　33.00 元
ISBN　978-7-5606-5917-6 / TP

XDUP 6219001-3

前　言

华为组网技术是近几年发展起来的由国产设备带动起来的技术。因国家网络安全的需要，现在很多单位的网络都在使用华为生产的设备。由于技术新，目前还没有成熟的教材，只有华为公司推出的技术指导。编者根据华为公司的技术指导，编写出适合教学的任务式新形态立体化教材。本教材是浙江省普通高校"十三五"第二批新形态教材高职高专立项项目。

本教材具有以下特点：

1. 教学内容新。华为路由器交换机产品是近几年才发展起来的产品，所以，教学内容新。

2. 教学技术新。本教材利用多种教育平台，综合各教学平台的相关优势完成课程教学的相应内容，使教学效果达到更优。如：采用浙江省高等学校在线开放课程共享平台实现预习、复习、在线作业；采用华为模拟器 eNSP 实现操作考试自动评价；采用"考试酷"实现考试随机抽题，使每生试卷不尽相同等；采用二维码技术使学生快速获取拓展知识，为学生学习提供了极大的便利。根据编者多年使用各平台的经验，浙江省高等学校在线开放课程共享平台的主要亮点是学生完成作业时可上传"附件"材料(这一点在其他平台上目前还不能做到)，学生可在任何时间、任何地点，只要能上网，就能以附件的方式上传"材料型"作业；"考试酷"网站的主要亮点是系统能实现试卷随机组卷(这一点目前在其他考试系统网站上还不能做到)，使每生试卷不尽相同；华为模拟器 eNSP 的主要亮点是能实现对路由器、交换机等设备配置过程的自动评价。本教材广取各家之长，不仅为学生学习提供多种方式及多种优质资源，也为教师教学提供多种教学手段，减轻教师批改作业、批改试卷的劳动量，同时达到更优的教学效果。

3. 教学指导方式新。采用二维码技术，学生通过扫描二维码即可获取拓展知识，从而充分利用现代信息技术学习。

4. 教材目标新。本教材是根据"华为组网技术"课程的需要而开发的，而该课程是应社会需求而开设的。由于国家网络安全的需要，近几年我国各企事业单位的网络设备国产率大大提高，国产设备(以华为产品为主)的运行维护量加大，因而这方面的人才需求量也不断增加。

本课程采用浙江省高等学校在线开放课程共享平台，采用图形化指导，以“考试”的形式完成每项任务的操作，做完后学生可以通过系统进行测评。

本教材的数字资源有:

1. 任务操作素材下载(原件包和参考答案包可到出版社官网下载)。

2. 任务支持软件(华为模拟器 eNSP)下载，下载地址：华为官网。

3. “考试酷”在线试题库。“考试酷”网址：www.examcoo.com。

4. 网站支持(浙江省高等学校在线开放课程共享平台，网址：https://www.zjooc.cn，课程名称：华为路由交换技术，尹建璋，浙江长征职业技术学院)。

编　者

2020 年 5 月

目　　录

教材使用说明

一、任务操作及评分方法

首先下载并安装华为模拟器 eNSP，然后默认安装所需软件。模拟器对硬件的要求请参阅华为模拟器相应版本的说明。正确安装完华为模拟器 eNSP 后即可使用本教材。操作各个任务时可采用以下两种方法。

方法一：按教材中所学任务对应的拓扑在华为模拟器 eNSP 中构建拓扑，再按任务指导完成任务操作。这种方法不能实现自动评价。

方法二：下载任务素材(原件)，打开“paper”文件，再按任务指导完成任务操作。这种方法可实现自动评价，具体操作如下(以“任务 1 路由器基本配置”为例)。

1. 启动任务

在“任务 1 路由器基本配置”文件夹中双击“任务 1 路由器基本配置.paper”启动任务，如图 0-1 所示。启动后的任务界面如图 0-2 所示。

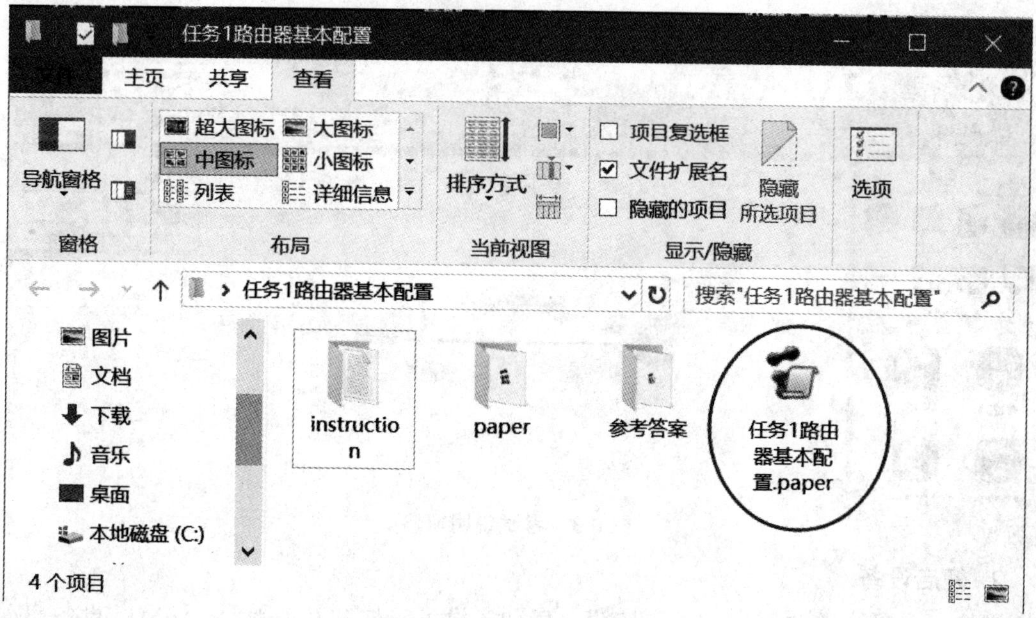

图 0-1　任务素材文件夹

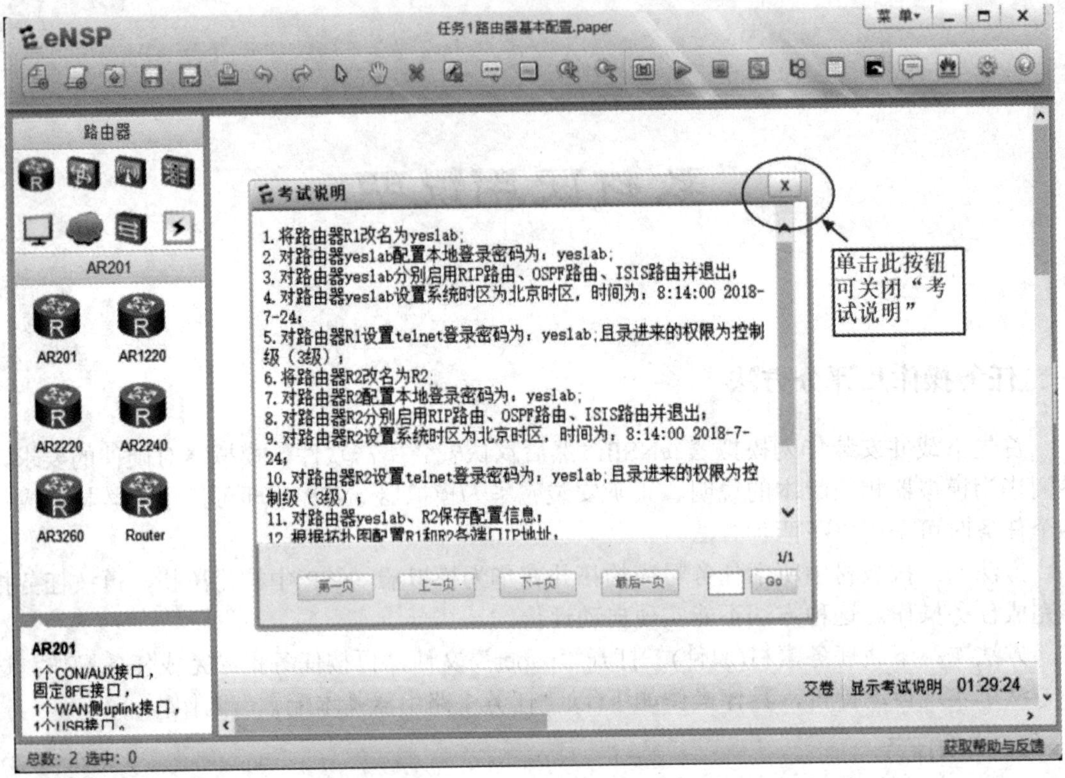

图 0-2　启动后的任务界面

单击“菜单”→“考试”→“显示考试说明”，打开考试说明窗口，如图 0-3 所示。如果不关闭考试说明窗口，也可将其移动到桌面其他位置，以方便查看。

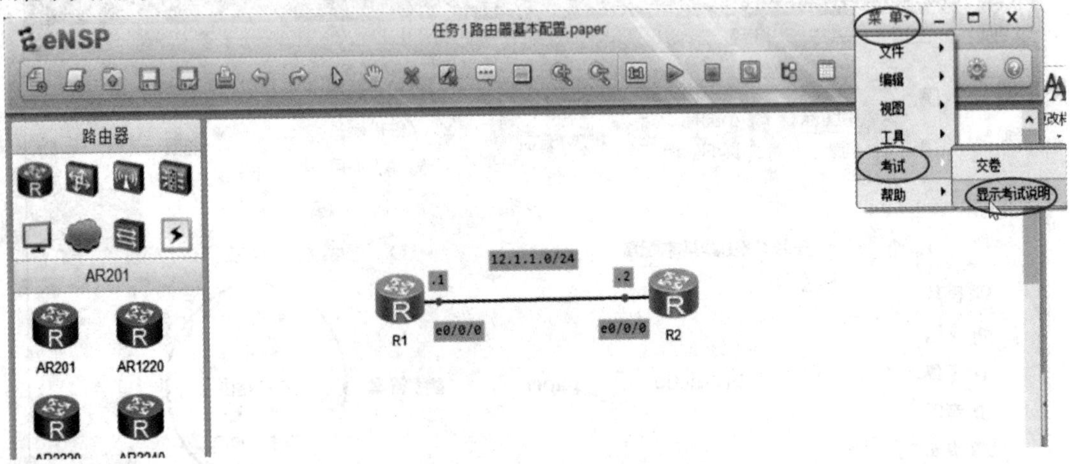

图 0-3　考试说明窗口

2. 开启设备

单击工具条上的“开启设备”按钮，启动各设备，如图 0-4 所示。注意：设备启动需要一定的时间，时间长短与电脑硬件配置高低及拓扑中的设备多少相关。

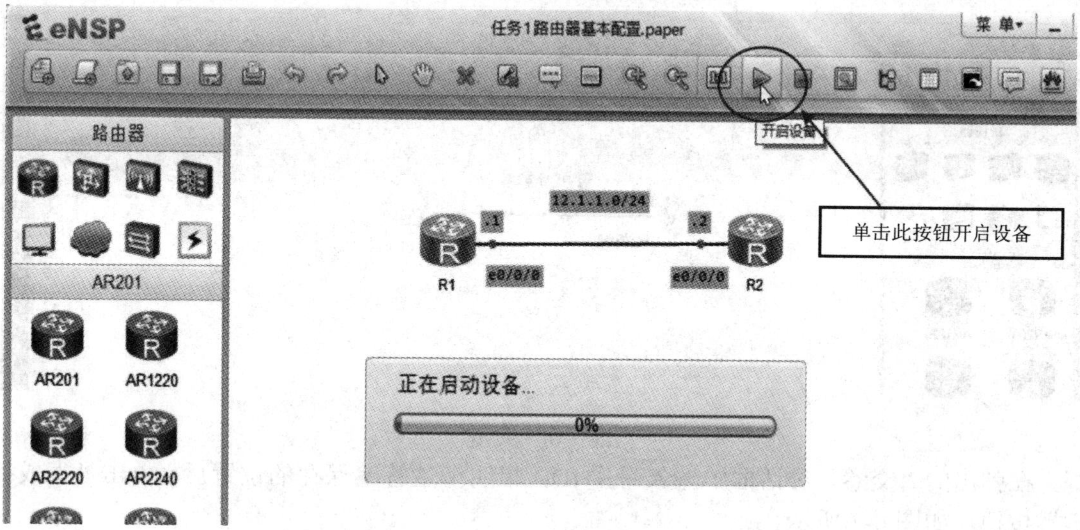

图 0-4　开启设备

3. 按任务指导完成操作过程

双击需配置的设备(如 R1)进入设备配置界面，如图 0-5 所示。

注意：在配置过程中要经常使用“save”(保存)命令，以保存配置文件。

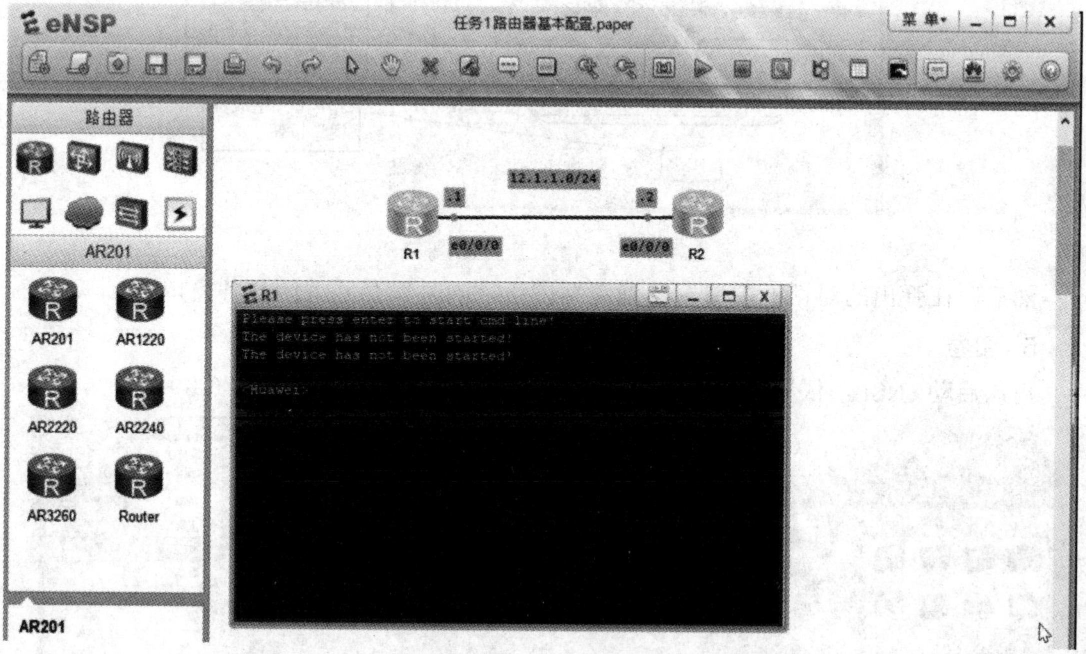

图 0-5　R1 配置界面

4. 交卷

按任务指导完成操作后交卷。交卷时，依次选择“菜单”→“考试”→“交卷”，如图 0-6 所示。

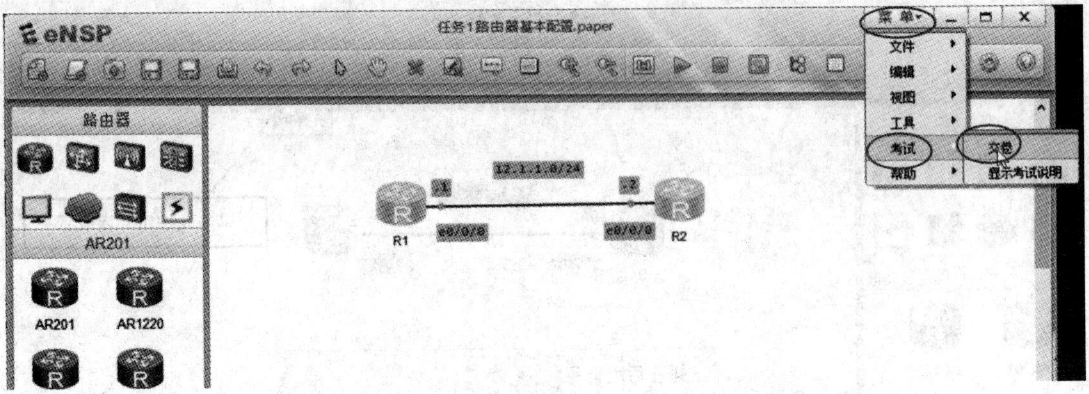

图 0-6　交卷

在弹出的“交卷”对话框中输入考生 ID，指明考生答案保存的位置后，单击“生成答案”按钮，如图 0-7 所示。

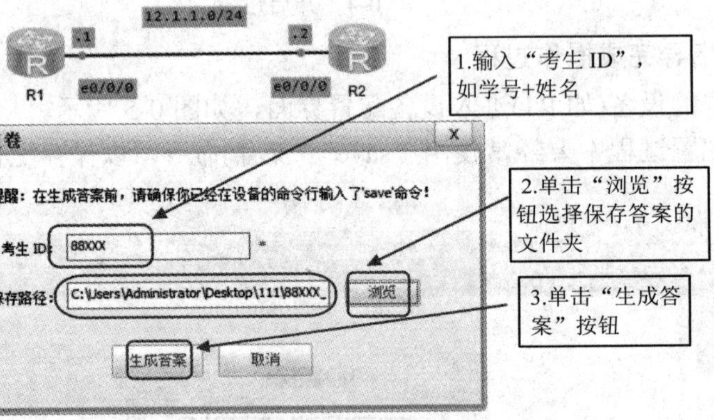

图 0-7　输入考生 ID 等

然后，在弹出的对话框中单击“确定”按钮，同时保存并关闭任务窗口。

5. 阅卷

再次启动 eNSP，依次选择“菜单”→“考试”→“阅卷”，如图 0-8 所示。

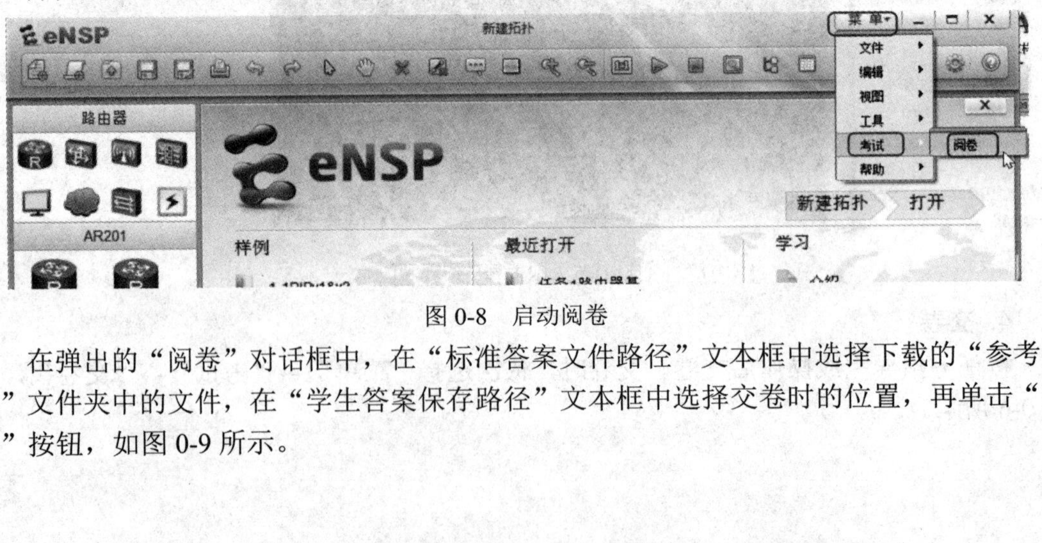

图 0-8　启动阅卷

在弹出的“阅卷”对话框中，在“标准答案文件路径”文本框中选择下载的“参考答案”文件夹中的文件，在“学生答案保存路径”文本框中选择交卷时的位置，再单击“阅卷”按钮，如图 0-9 所示。

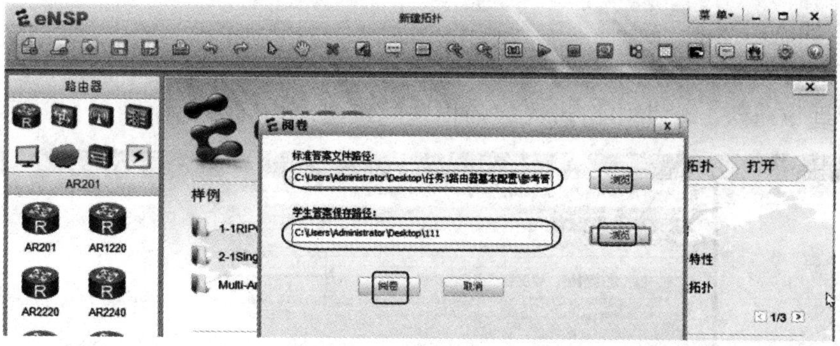

图 0-9 “阅卷”对话框

在弹出的对话框中选择“是”，即可看到阅卷结果，如图 0-10 所示。

阅卷结果

排名	考生ID	答案文件名	得分	详情
1	88XXX	88XXX_任务1路由器基本配置.ans	100	查看
				保存

图 0-10 阅卷结果

教师可将所有学生的答案放在一个文件夹内，按上面的操作一次批阅所有学生的作业并得到评价分数。如果“考生 ID”与“答案文件名”不同，则说明该答案非该生本人操作。

二、“考试酷”在线题库使用方法

“考试酷”在线题库中的内容主要提供给使用本教材的教师使用，学生通过加入到教师的班级中方可使用本部分内容，完成在线作业、复习及考试等。

1. 注册“考试酷”账号

“考试酷”网站注册和使用都是免费的，网址为 www.examcoo.com。

进入“考试酷”主页后，单击“免费注册”按钮进入注册页面，按要求注册即可。注册成功后，系统会分配一个账号，注意保存好该账号和密码，以后登录时要输入该账号和密码。

2. 登录

进入“考试酷”网站主页，用已申请到的账号登录，具体方法如图 0-11 所示。

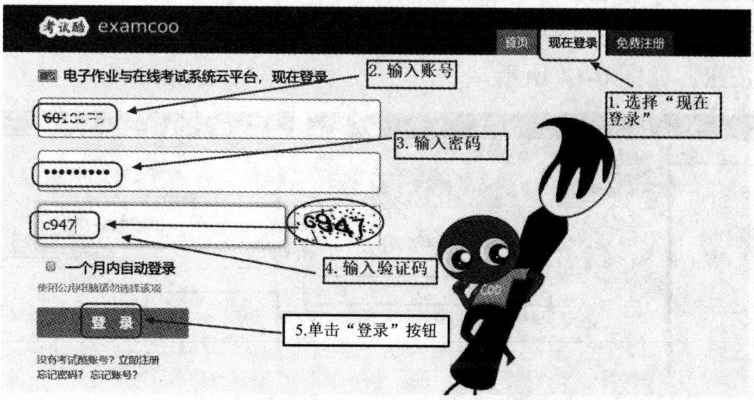

图 0-11 登录“考试酷”

3. 申请加入班级

教师可通过出版社联系本教材编者，由编者为教师创建班级并申请进入班级，教师将作为助教管理该班级。学生申请进入教师指定的班级，申请方法如图 0-12、图 0-13 所示。

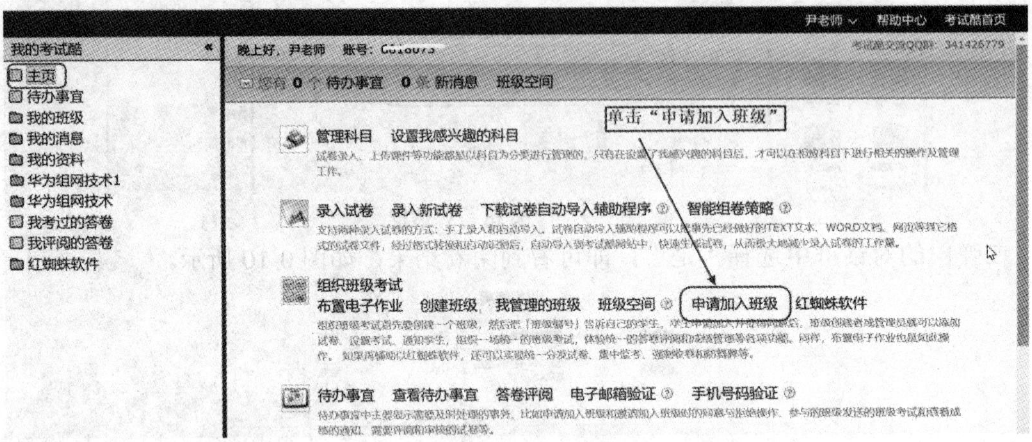

图 0-12　申请加入班级操作(1)

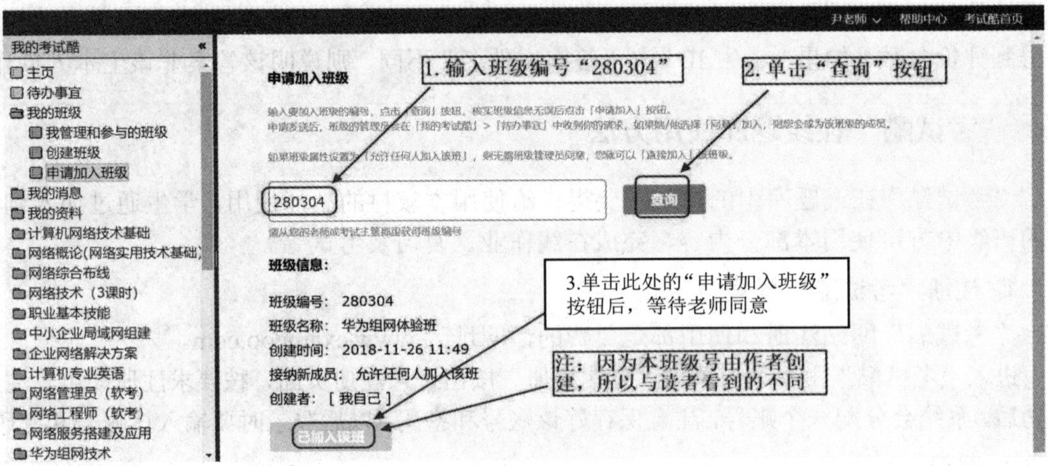

图 0-13　申请加入班级操作(2)

4. 进入班级空间

等教师同意后，可在主页单击“班级空间”按钮，再在班级列表对应的班级后单击“进入班级空间”按钮，如图 0-14 所示。

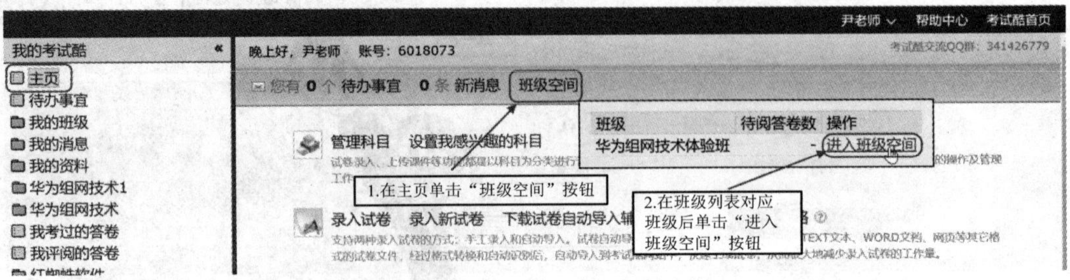

图 0-14　进入班级空间

进入班级空间后，其他操作请参阅“考试酷”网站操作相关说明，此处不再详述。

三、“浙江省高等学校在线开放课程共享平台”使用方法

在浏览器地址栏输入网址：https://www.zjooc.cn，以教师或学生的身份注册，注册成功后登录。进入本课程学习的过程如图 0-15～图 0-17 所示。

图 0-15　进入本课程学习过程(1)

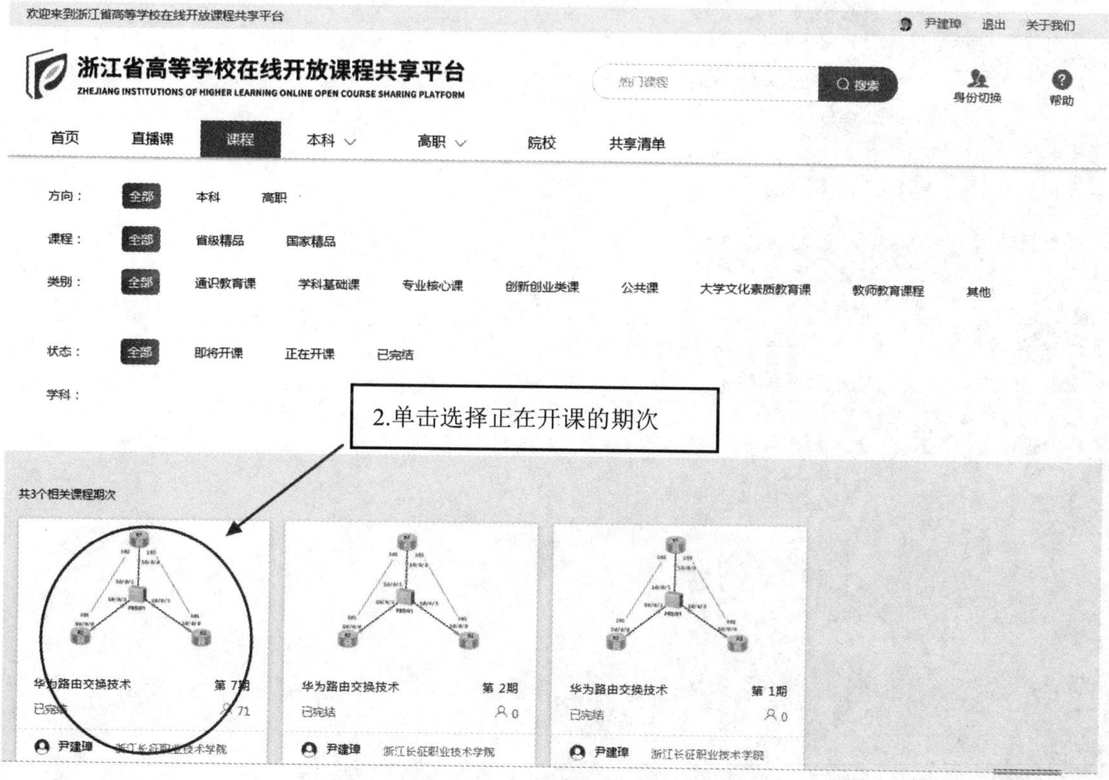

图 0-16　进入本课程学习过程(2)

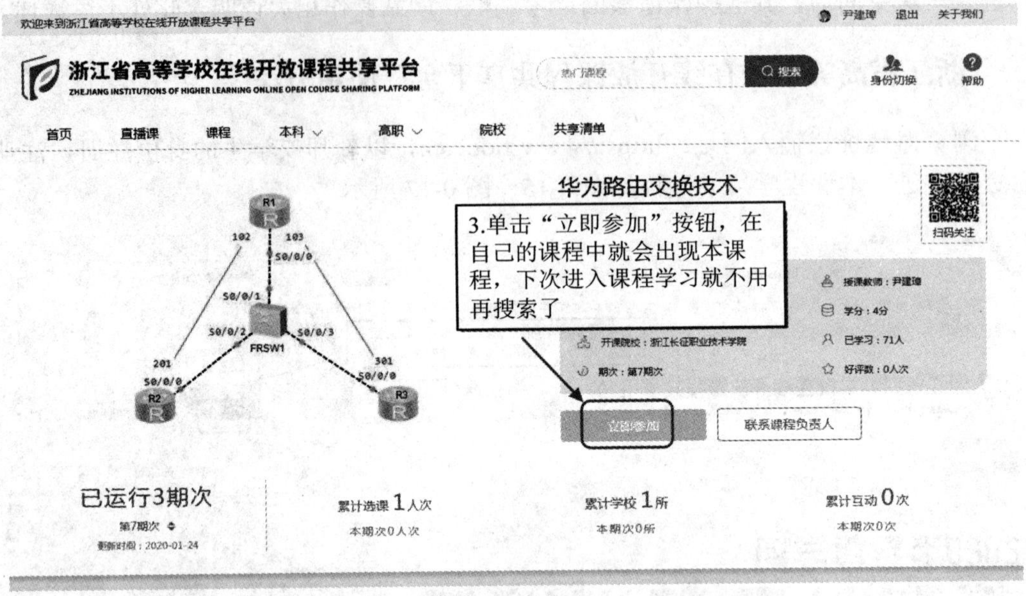

图 0-17　进入本课程学习过程(3)

进入课程后的学习方法请参阅平台的使用说明，此处不再详述。

任务1　路由器基本配置

任务拓扑

任务1拓扑如图1-1所示。

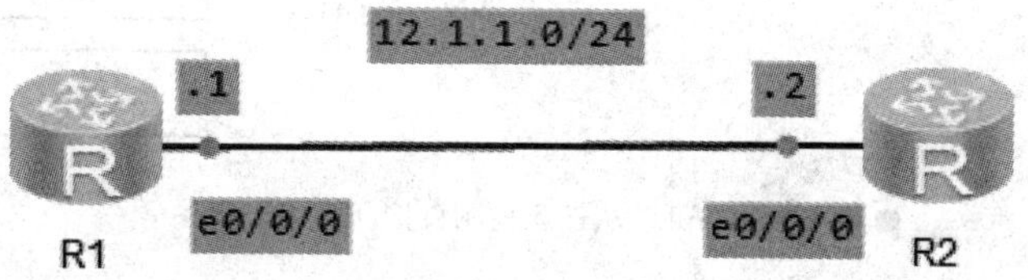

图1-1　任务1拓扑

任务要求

(1) 将路由器R1改名为yeslab。
(2) 设置路由器yeslab的本地登录密码为yeslab。
(3) 对路由器yeslab分别启用RIP路由、OSPF路由、IS-IS路由并退出。
(4) 设置路由器yeslab的系统时区为北京时区，时间为8:14:00 2018-7-24。
(5) 设置路由器R1的telnet登录密码为yeslab，且登录权限为控制级(3级)。
(6) 将拓扑图中标识的路由器R2改名为R2(注：系统默认名为Huawei)。
(7) 设置路由器R2的本地登录密码为yeslab。
(8) 对路由器R2分别启用RIP路由、OSPF路由、IS-IS路由并退出。
(9) 设置路由器R2的系统时区为北京时区，时间为8:14:00 2018-7-24。
(10) 设置路由器R2的telnet登录密码为yeslab，且登录权限为控制级(3级)。
(11) 保存路由器yeslab、R2的设置信息。
(12) 根据拓扑图配置R1和R2各端口的IP地址。
(13) 测试网络连通性，在R1上ping 12.1.1.2。
(14) 关闭两个路由器弹出的华为LOGO信息。
(15) 保存配置信息。

任务目标

(1) 掌握进入路由器的各种模式，以及配置登录 console 口密码、系统视图密码；

(2) 掌握保存、删除配置等基本配置命令的使用方法。

常用命令如图 1-2 所示。

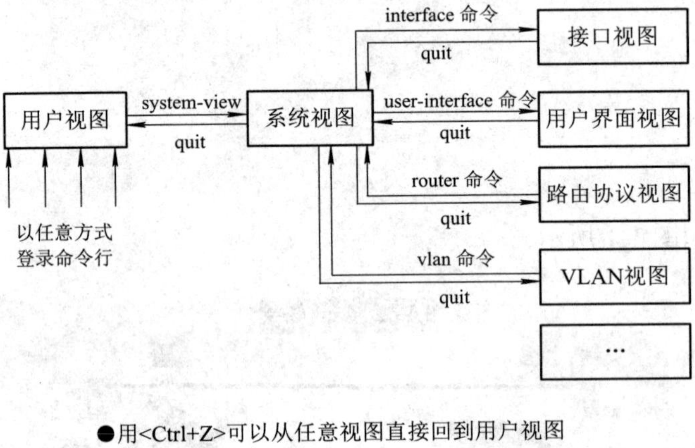

图 1-2　常用命令

相关知识

RIP(Routing Information Protocol，路由信息协议)是一种内部网关协议(Interior Gateway Protocol，IGP)，也是一种动态路由选择协议，用于自治系统(Autonomous System，AS)内的路由信息的传递。RIP 基于距离矢量算法(Distance Vector Algorithms)，使用“跳数”(即 metric)来衡量到达目标地址的路由距离。采用这种协议的路由器只关心自己周围的环境，只与自己相邻的路由器交换信息，范围限制在 15 跳(15°)之内。RIP 应用于 OSI 7 层模型的网络层。各厂家定义的管理距离(即优先级)如下：华为定义的优先级是 100，思科定义的优先级是 120。

OSPF(Open Shortest Path First，开放式最短路径优先)协议是一个内部网关协议(IGP)，用于在单一自治系统(AS)内决策路由，是对链路状态路由协议的一种实现，隶属于内部网关协议(IGP)，故运作于自治系统内部。例如，著名的迪克斯特拉算法(Dijkstra)被用来计算最短路径树。OSPF 分为 OSPFv2 和 OSPFv3 两个版本，其中 OSPFv2 用在 IPv4 网络，OSPFv3 用在 IPv6 网络。OSPFv2 是由 RFC 2328 文档定义的，OSPFv3 是由 RFC 5340 文档定义的。与 RIP 相比，OSPF 是链路状态协议，而 RIP 是距离矢量协议。

IS-IS(Intermediate System to Intermediate System，中间系统到中间系统)是一种内部网关协议，是电信运营商普遍采用的内部网关协议之一。标准的 IS-IS 协议是由国际标准化组织制定的 ISO/IEC 10589-2002 所规范的。但是标准的 IS-IS 协议是为无连接网络服务(Connectionless Network Service，CLNS)设计的，并不直接适用于 IP 网络，因此互联网工程任务组制定了可以适用于 IP 网络的集成化的 IS-IS 协议，称为集成 IS-IS，它由 RFC 1195

等 RFC 文档所规范。由于 IP 网络的普遍存在，一般所称的 IS-IS 协议通常是指集成 IS-IS 协议。

操作步骤

1. 任务准备

(1) 下载任务 1 原件包。

(2) 解压任务 1 原件包。

(3) 双击“任务 1 路由器基本配置.paper”启动任务。

2. 任务操作

(1) 双击 R1，进入路由器的默认模式——用户模式(用户视图)，用<>表示：

```
<Huawei>
```

(2) 从用户模式进入特权模式(系统视图)：

```
<Huawei>system-view                      //从用户模式进入特权模式
Enter system view，return user view with Ctrl+Z.
//系统提示：进入系统视图(特权模式)，按 Ctrl+Z 返回用户视图(用户模式)
[Huawei]                                 //特权模式，用[]表示
```

(3) 从特权模式进入接口模式：

```
[Huawei] interface e0/0/0                //进入接口 e0/0/0 配置模式
[Huawei-Ethernet0/0/0]                   //接口模式
[Huawei-Ethernet0/0/0]quit               //退出命令
[Huawei]
```

(4) 在系统视图下设置路由器的名字：

```
[Huawei]sysname yeslab                   //将路由器改名为 yeslab
[yeslab]                                 //路由器的名称已经变为 yeslab
```

(5) 设置 console 口密码。

在 R1 上：

```
[yeslab]user-interface console 0         //进入 console 口配置模式
[yeslab-ui-console0]authentication-mode password
//设置 console 的认证模式为本地密码的方式，还可以选择不认证或 AAA 认证
[yeslab-ui-console0]set authentication password cipher yeslab
//设置 console 口登录密码为 yeslab，以后再登录 console 口将需要输入密码
[yeslab-ui-console0]quit
[yeslab]quit
<yeslab> save
```

在 R2 上：

```
<Huawei>sys
[Huawei]sysname R2
```

```
[R2]user-interface console 0                  //进入 console 口配置模式
[R2-ui-console0]authentication-mode password
//设置 console 的认证模式为本地密码的方式，还可以选择不认证或 AAA 认证
[R2-ui-console0]set authentication password cipher yeslab
//设置 console 口登录密码为 yeslab，以后再登录 console 口将需要输入密码
[R2-ui-console0]quit
[R2]quit
<R2 > save
```

(6) 设置路由协议模式。

在 R1 上：

```
[yeslab]rip                                   //启用 RIP 路由
[yeslab-rip-1]quit                            //退出 RIP 路由配置模式
[yeslab]ospf                                  //启用 OSPF 路由
[yeslab-ospf-1]quit                           //退出 OSPF 路由配置模式
[yeslab]isis                                  //启用 ISIS 路由
[yeslab-isis-1]quit                           //退出 ISIS 路由配置模式
[yeslab]quit
<yeslab> save
```

在 R2 上：

```
[R2]rip                                       //启用 RIP 路由
[R2-rip-1]quit                                //退出 RIP 路由配置模式
[R2]ospf                                      //启用 OSPF 路由
[R2-ospf-1]quit                               //退出 OSPF 路由配置模式
[R2]isis                                      //启用 ISIS 路由
[R2-isis-1]quit                               //退出 ISIS 路由配置模式
[R2]quit
<R2 > save
```

(7) 设置系统时间和时区：

```
<yeslab>clock timezone Beijing add 8
<yeslab>clock datetime 8:14:00 2018-7-24
```

(8) 设置路由器 R1、R2 的 telnet 密码。

设置 R1：

```
<yeslab>sys
[yeslab]user-interface vty 0 4                              //进入 telnet 的虚拟接口 vty 中
[yeslab-ui-vty0-4]authentication-mode password              //设置认证模式为本地密码的方式
[yeslab-ui-vty0-4]set authentication password simple yeslab //设置 telnet 登录密码为 yeslab
[yeslab-ui-vty0-4]user privilege level 3                    //设置设备登录权限为控制级
[yeslab-ui-vty0-4]
```

```
<yeslab>save
<yeslab>
```

设置 R2：

```
[R2]user-interface vty 0 4                                    //进入 telnet 的虚拟接口 vty 中
[R2-ui-vty0-4]authentication-mode password                    //设置认证模式为本地密码的方式
[R2-ui-vty0-4]set authentication password simple yeslab       //设置 telnet 登录密码为 yeslab
[R2-ui-vty0-4]user privilege level 3                          //设置设备登录权限为控制级
[R2-ui-vty0-4]
[R2]rip
[R2-rip-1]quit
[R2]ospf
[R2-ospf-1]quit
[R2]isis
[R2-isis-1]quit
[R2]quit
<R2>save
```

用户级别和命令级别对应关系如表 1-1 所示。

表 1-1　用户级别和命令级别对应关系

用户级别	命令级别	级别名称	说明
0	0	参观级	网络诊断工具命令(ping、tracert)、从本设备出发访问外部设备的命令(Telnet 客户端)等
1	0、1	监控级	用于系统维护，包括 display 等命令
2	0、1、2	配置级	业务配置命令，包括路由、各个网络层次的命令，向用户提供直接网络服务
3～15	0、1、2、3	管理级	用于系统基本运行的命令，对业务提供支撑作用，包括下载文件系统、FTP、TFTP，配置文件切换命令、备板控制命令、用户管理命令、命令级别设置命令、系统内容参数设置命令；用于业务故障诊断的 debugging 命令等

(9) 显示系统运行配置信息：

```
Password:
<yeslab>display current-configuration
```

(10) 设置 IP 地址，并打开接口：

```
<yeslab>sys
[yeslab]interface e0/0/0
[yeslab-Ethernet0/0/0]ip add 12.1.1.1 255.255.255.0
[yeslab-Ethernet0/0/0]undo shutdown
```

```
[yeslab-Ethernet0/0/0]
<yeslab>save

<R2>sys
[R2]interface e0/0/0
[R2-Ethernet0/0/0]ip address 12.1.1.2 255.255.255.0
[R2-Ethernet0/0/0]undo shutdown
[R2-Ethernet0/0/0]
<R2>save
```

(11) 显示接口状态(与 CISCO 的相比，所有的 show 命令都使用 display 代替)：

```
[yeslab]display interface Ethernet 0/0/0
…
```

(12) 测试网络连通性(此命令与 CISCO 一致)：

```
[yeslab]ping 12.1.1.2
Ping 12.1.1.2：  56 data bytes，  press CTRL_C to break
…
```

(13) 跟踪沿跳路径：tracert 命令用来测试数据包从发送主机到目的地所经过的网关，主要用于检查网络连接是否可达，以及辅助分析网络在何处发生了故障。tracert 命令的执行过程：首先发送一个 TTL 为 1 的数据包，因此第一跳发送回一个 ICMP 错误消息以指明此数据包不能被发送(因为 TTL 超时)，之后此数据包被重新发送，TTL 为 2，同样第二跳返回 TTL 超时。这个过程不断进行，直至到达目的地。执行这些过程的目的是记录每一个 ICMP TTL 超时消息的源地址，以提供一个 IP 数据包到达目的地所经历的路径。当用 ping 命令测试发现网络出现故障后，可以用 tracert 命令测试网络何处有故障。tracert 命令的输出信息包括到达目的地所有网关的 IP 地址，如果某网关超时，则输出“***”。例如：

```
[yeslab]tracert 12.1.1.2
traceroute to 12.1.1.2(12.1.1.2)，  max hops：  30 ，packet length：  40，press CTRL_C tobreak
1 12.1.1.2 30 ms 50 ms 30 ms
```

此命令后有多个参数可选，功能分别如下：

-f：该测试项用于测试-f 开关是否正确。first – TTL 用于指定一个初始 TTL，它的范围是大于 0 且小于最大 TTL；first – TTL 的缺省值为 1。

-m：该测试项用于测试-m 开关是否正确。max – TTL 用于指定一个最大 TTL，它的范围是大于初始 TTL；max – TTL 的缺省值为 30。

-p：该测试项用于测试-p 开关是否正确。port 是一个整数，该整数是目的主机的端口号，用户一般无需更改此选项；port 的缺省值为 33434。

-q：该测试项用于测试-q 开关是否正确。nqueries 是一个整数，该整数是每次发送的探测数据包的个数，它的范围是大于 0；nqueries 的缺省值为 3。

-w：该测试项用于测试-wf 开关是否正确。timeout 是一个整数，用来指明 IP 包的超时时间，单位为秒(s)，它的范围是大于 0；timeout 的缺省值为 5 s。

host：目的主机的 IP 地址或远端系统的主机名。

(14) 查看路由表：

```
[yeslab -Ethernet0/0/0]display ip routing
```

(15) 关闭弹 LOG 信息：

```
[yeslab]undo info-center enable
<yeslab>save


[R2]undo info-center enable
<R2>save
```

(16) 清空配置文件(只作了解，不操作)：

```
<yeslab>reset saved-configuration
Warning：The action will delete the saved configuration in the device.
Thc configuration will be erased to reconfigure. Continue? [Y/N]：y
```

3. 任务评价

(1) 下载任务 1 参考答案包。

(2) 解压任务 1 参考答案包。

(3) 重新启动 eNSP，依次选择“菜单”→“考试”→“阅卷”。在弹出的“阅卷”对话框中，在“标准答案文件路径”文本框中选择下载的“参考答案”文件夹中的文件，在“学生答案保存路径”文本框中选择交卷时的位置，再单击“阅卷”按钮，如图 0-9 所示。在弹出的对话框中选择“是”，即可看到阅卷结果。

4. 拓展知识

扫描下面的二维码即可在手机上阅读拓展知识。

任务2　配置静态路由

任务拓扑

任务 2 拓扑如图 2-1 所示。

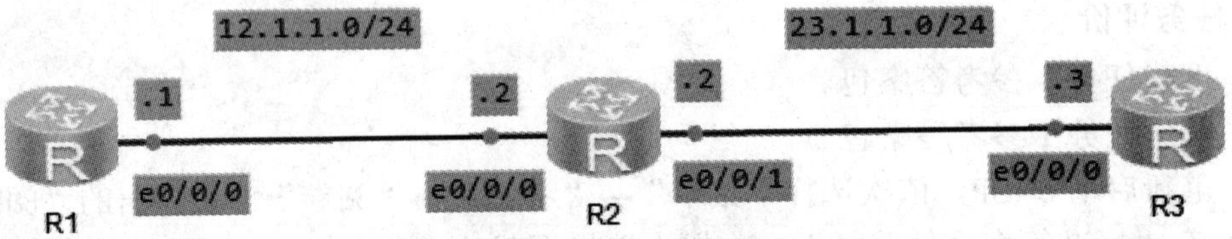

图 2-1　任务 2 拓扑

任务要求

(1) 根据拓扑图对各路由器更名，配置各端口的 IP 地址并启用端口。
(2) 在中间路由器 R2 上分别测试与 R1 及 R3 是否连通。
(3) 在 R1 上 ping R3(应不通)，再分别在 R1、R3 上配置静态路由，使 R1、R3 互通。
(4) 再次测试连通性(所有端口应互通)。
(5) 重新配置 R1 至 R3 的静态路由及 R3 至 R1 的静态路由，优先级为 10。
(6) 在 R1 上查看路由表。

任务目标

学会使用静态路由，使 IP 数据可达。

相关知识

路由(Routing)是指分组从源到目的地时，决定端到端路径的网络范围的进程。路由工作在 OSI 参考模型第三层。

路由器(Router)是连接因特网中各局域网、广域网的设备，它会根据信道的情况自动选择和设定路由，以最佳路径，按前后顺序发送信号。路由器和交换机之间的主要区别就是交换机工作在OSI参考模型第二层(数据链路层)，而路由器工作在OSI参考模型第三层，即网络层。这一区别决定了路由器和交换机在移动信息的过程中需使用不同的控制信息，所以说两者实现各自功能的方式是不同的。

静态路由是指由用户或网络管理员手工配置的路由信息。当网络的拓扑结构或链路的状态发生变化时，网络管理员需要手工去修改路由表中相关的静态路由信息。静态路由信息在缺省情况下是私有的，不会传递给其他的路由器。当然，网管员也可以通过对路由器进行设置使之成为共享的。静态路由一般适用于比较简单的网络环境，在这样的环境中，网络管理员易于清楚地了解网络的拓扑结构，便于设置正确的路由信息。

动态路由是与静态路由相对的一个概念，指路由器能够根据路由器之间交换的特定路由信息自动地建立自己的路由表，并且能够根据链路和节点的变化适时地进行自动调整。当网络中节点或节点间的链路发生故障，或存在其他可用路由时，动态路由可以自行选择最佳的可用路由并继续转发报文。

路由的优先级(Preference)一般表示为一个0～255的数字，数字越大优先级越低。

表2-1是通常情况下各路由协议的优先级规定。

表2-1 一般路由协议的优先级

路由协议	优先级
DIRECT	0
OSPF	10
IS-IS Level 1	15
IS-IS Level 2	18
STATIC(静态路由)	60
IGRP	80
RIP	100
BGP	170
EGP	200

表2-2是华为路由协议的优先级规定。

表2-2 华为路由协议的优先级

路由协议	优先级
DIRECT	0
OSPF	10
STATIC(静态路由)	60
IGRP	80
RIP	100
OSPFASE	150
BGP	170

表 2-3 是思科路由协议的优先级规定。

表 2-3 思科路由协议的优先级

路由协议	优先级
DIRECT	0
STATIC(静态路由)	1
IGRP Summary	5
EBGP	20
内部 EIGRP	90
IGRP	100
OSPF	110
IS-IS	115
RIP	120
EGP	140
外部 EIGRP	170
IBGP	200
未知	255

操作步骤

1. 任务准备

(1) 下载任务 2 原件包。

(2) 解压任务 2 原件包。

(3) 双击“任务 2 配置静态路由.paper”，启动任务。

2. 任务操作

(1) 更名及配置 IP 地址。

配置 R1：

```
<Huawei>system-view
[Huawei]sysname R1
[R1]interface Ethernet 0/0/0
[R1-Ethernet0/0/0]ip address 12.1.1.1 255.255.255.0
[R1-Ethernet0/0/0]undo shutdown
[R1-Ethernet0/0/0]                         //按 Ctrl+Z
<R1>save
```

配置 R2：

```
<Huawei>system-view
```

```
[Huawei]sysname R2
[R2]interface Ethernet 0/0/0
[R2-Ethernet0/0/0]ip address 12.1.1.2 255.255.255.0
[R2-Ethernet0/0/0]undo shutdown
[R2-Ethernet0/0/0]quit
[R2]interface Ethernet 0/0/1
[R2-Ethernet0/0/1]ip address 23.1.1.2 255.255.255.0
[R2-Ethernet0/0/1]undo shutdown
[R2-Ethernet0/0/1]          //按 Ctrl+Z
<R1>save
```

配置 R3：

```
[Huawei]sysname R3
[R3]interface e0/0/0
[R3-Ethernet0/0/0]ip address 23.1.1.3 255.255.255.0
[R3-Ethernet0/0/0]undo shutdown
[R3-Ethernet0/0/0]          //按 Ctrl+Z
<R3>save
```

(2) 在中间路由器 R2 上分别测试与 R1 及 R3 是否连通。

```
[R2]ping 12.1.1.1
[R2]ping 23.1.1.3
```

(3) 在 R1 上直接 ping R3。

```
[R1-Ethernet0/0/0]ping 23.1.1.3
```

结果是 ping 不通，需要配置一条发出方向以及返回方向的配认路由。

在 R1 与 R3 上分别配置静态路由：

```
[R1]ip route-static 23.1.1.0 255.255.255.0 12.1.1.2   //注意：配置完成后需保存
[R3]ip route-static 12.1.1.0 255.255.255.0 23.1.1.2   //注意：配置完成后需保存
```

(4) 再测试连通性。

```
[R1]ping 23.1.1.3
[R3]ping 12.1.1.1
```

结果是都能 ping 通。

(5) 还可以为一条静态路由设置优先级，也就是 CISCO 中的管理距离(AD 值)，以实现浮动路由等效果。

```
[R1]ip route-static 23.1.1.0 255.255.255.0 12.1.1.2 preference 10
```

查看路由表：

```
[R1]display ip routing
```

(6) 若要取消这条默认路由，则在代码前输入“undo”。

```
[R1]undo ip route-static 23.1.1.0 255.255.255.0 12.1.1.2 preference 10
```

注：本条命令只了解，交卷前不要操作，交卷后可操作。

3. 任务评价

(1) 下载任务 2 参考答案包。

(2) 解压任务 2 参考答案包。

(3) 重新启动 eNSP，依次选择“菜单”→“考试”→“阅卷”。在弹出的“阅卷”对话框中，在“标准答案文件路径”文本框中选择下载的“参考答案”文件夹中的文件，在“学生答案保存路径”文本框中选择交卷时的位置，再单击“阅卷”按钮，如图 0-9 所示，在弹出的对话框中选择“是”，即可看到阅卷结果。

4. 拓展知识

扫描下面的二维码即可在手机上阅读拓展知识。

任务 3　配置 RIP 路由协议

任务拓扑

任务 3 拓扑如图 3-1 所示。

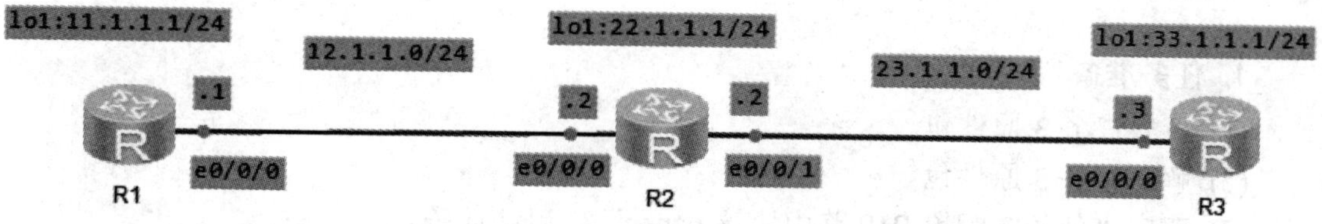

图 3-1　任务 3 拓扑

任务要求

(1) 根据拓扑图更改设备的名称、配置各路由器端口及环回接口的 IP 地址，并启用端口。
(2) 为各路由器配置 RIP 的版本为 V2，关闭自动汇总。
(3) 查看路由的学习情况，测试连通性，用环回接口 Ping。
(4) 在 R3 上配置两个子端口，地址分别为 33.1.2.1/24 和 33.1.3.1/24。
(5) 在 R1 上查看 RIP 路由条目(注：display ip routing protocol rip)。
(6) 在 R2 上配置手动汇总，使 33.1.1.1/24、33.1.2.1/24、33.1.3.1/24 汇总为一个网络。
(7) 在 R1 上查看 RIP 路由条目，与任务要求(5)的结果进行比较。

任务目标

(1) 熟悉在华为设备上配置 RIP 协议、汇总 RIP 路由、完成明文及 MD5 的认证以及设置被动接口等；
(2) 掌握 RIPv2 的配置方式、汇总方式、认证配置方式；
(3) 掌握 RIPv2 中被动接口的配置及效果；
(4) 掌握 RIPv2 与 RIPv1 的兼容配置。

相关知识

环回接口：习惯上被称为 LoopBack 接口，是路由器上的一个逻辑/虚拟接口。路由器默认没有任何环回接口，但是它们很容易创建。LoopBack 接口在网络设备(一般是路由器)上是一种特殊的接口，它不是物理接口，而是一种看不见摸不着的逻辑接口(也称虚拟接口)，但是对于网络设备来说却是至关重要的。环回接口有一个特性：除非设备瘫痪，否则其状态一直是 Up。这个特性对于路由协议来说非常重要。

自动汇总：一个路由器向另一个路由器通告时进行的网络汇总，即向主类网络汇总。也可以说自动汇总是把要通告参与某进程的 IP 地址按照主类网络号存储在路由器的路由表中的过程。

操作步骤

1. 任务准备

(1) 下载任务 3 原件包。

(2) 解压任务 3 原件包。

(3) 双击“任务 3 配置 RIP 路由协议.paper”，启动任务。

2. 任务操作

(1) 更改设备的名称，配置端口及环回接口的 IP 地址。

配置 R1：

```
<Huawei>system-view
[Huawei]sysname R1
[R1]interface Ethernet 0/0/0
[R1-Ethernet0/0/0]ip address 12.1.1.1 255.255.255.0
[R1-Ethernet0/0/0]undo shutdown
[R1-Ethernet0/0/0]int loopback 1
[R1-LoopBack1]ip add 11.1.1.1 255.255.255.0
[R1-LoopBack1]quit
<R1>save
```

配置 R2：

```
<Huawei>system-view
[Huawei]sysname R2
[R2]interface Ethernet 0/0/0
[R2-Ethernet0/0/0]ip address 12.1.1.2 255.255.255.0
[R2-Ethernet0/0/0]undo shutdown
[R2]interface Ethernet 0/0/1
```

```
[R2-Ethernet0/0/1]ip address 23.1.1.2 255.255.255.0
[R2-Ethernet0/0/1]undo shutdown
[R2-Ethernet0/0/1]int loopback 1
[R2-LoopBack1]ip add 22.1.1.1 255.255.255.0
[R2-LoopBack1]quit
<R2>save
```

配置 R3：

```
[Huawei]sysname R3
[R3]interface Ethernet 0/0/0
[R3-Ethernet0/0/0]ip address 23.1.1.3 255.255.255.0
[R3-Ethernet0/0/0]undo shutdown
[R3-Ethernet0/0/0]int loopback 1
[R3-LoopBack1]ip add 33.1.1.1 255.255.255.0
[R3-LoopBack1]quit
<R3>save
```

(2) 配置 RIP 的版本为 V2，关闭自动汇总。

配置 R1：

```
[R1]rip 1                      //进程号可以用来区分本地的 RIP 进程，以限定路由传递的区域
[R1-rip-1]version 2                //确定 RIP 的版本
[R1-rip-1]undo summary             //关闭自动汇总
[R1-rip-1]network 11.0.0.0         //宣告主类网段
[R1-rip-1]network 12.0.0.0
[R1-rip-1]                         //按 Ctrl+Z，直接退回用户视图
<R1>save
```

配置 R2：

```
[R2]rip 1                      //进程号可以用来区分本地的 RIP 进程，以限定路由传递的区域
[R2-rip-1]version 2                //确定 RIP 的版本
[R2-rip-1]undo summary             //关闭自动汇总
[R2-rip-1]network 22.0.0.0         //通告主类网段
[R2-rip-1]network 12.0.0.0
[R2-rip-1]network 23.0.0.0
[R2-rip-1]                         //按 Ctrl+Z，直接退回用户视图
<R2>save
```

配置 R3：

```
[R3]rip 1                      //进程号可以用来区分本地的 RIP 进程，以限定路由传递的区域
[R3-rip-1]version 2                //确定 RIP 的版本
[R3-rip-1]undo summary             //关闭自动汇总
[R3-rip-1]network 33.0.0.0         //通告主类网段
[R3-rip-1]network 23.0.0.0
```

```
[R3-rip-1]                        //按 Ctrl+Z，直接退回用户视图
<R3>save
```

(3) 查看路由的学习情况。

```
[R1]display ip routing
```

(4) 测试连通性。

```
[R1]ping 33.1.1.1
```

(5) 用环回接口 PING

```
[R1]ping –a 11.1.1.1 33.1.1.1        //测试连通性(指定源 IP 地址)
```

(6) 配置 RIP 手动汇总。

在 R3 上的回环接口 LoopBack1 上配置多个子地址：

```
[R3]interface LoopBack1
[R3-LoopBack1]ip address 33.1.2.1 255.255.255.0 sub
[R3-LoopBack1]ip address 33.1.3.1 255.255.255.0 sub
[R3-LoopBack1]
<R3>save
```

由于是主类通告，所以直接在 R1 上查看 RIP 的路由条目：

```
[R1]display ip routing protocol rip
```

该命令效果如图 3-2 所示。

```
[R1]display ip routing protocol rip
Route Flags: R - relay, D - download to fib
------------------------------------------------------------------------------
Public routing table : RIP
         Destinations : 5        Routes : 5

RIP routing table status : <Active>
         Destinations : 5        Routes : 5

Destination/Mask    Proto   Pre  Cost      Flags NextHop         Interface

      22.1.1.0/24   RIP     100  1           D   12.1.1.2        Ethernet0/0/0
      23.1.1.0/24   RIP     100  1           D   12.1.1.2        Ethernet0/0/0
      33.1.1.0/24   RIP     100  2           D   12.1.1.2        Ethernet0/0/0
      33.1.2.0/24   RIP     100  2           D   12.1.1.2        Ethernet0/0/0
      33.1.3.0/24   RIP     100  2           D   12.1.1.2        Ethernet0/0/0
```

图 3-2　在 R1 上查看 RIP 的路由条目

从图 3-2 可以看出，R3 上有三条路由。

汇总都是在路由的出接口(这里是在 R2 的出接口)进行：

```
[R2]interface e0/0/0
[R2-Ethernet0/0/0]rip summary-address 33.1.0.0 255.255.252.0
[R2-Ethernet0/0/0]
<R2>save
```

再次在 R1 上查看 RIP 的路由条目，效果如图 3-3 所示。

```
[R1]display ip routing protocol rip
Route Flags: R - relay, D - download to fib
------------------------------------------------------------------------------
Public routing table : RIP
         Destinations : 3        Routes : 3

RIP routing table status : <Active>
         Destinations : 3        Routes : 3

Destination/Mask    Proto   Pre  Cost        Flags NextHop         Interface

       22.1.1.0/24  RIP     100  1             D   12.1.1.2        Ethernet0/0/0
       23.1.1.0/24  RIP     100  1             D   12.1.1.2        Ethernet0/0/0
       33.1.0.0/22  RIP     100  2             D   12.1.1.2        Ethernet0/0/0

RIP routing table status : <Inactive>
         Destinations : 0        Routes : 0

[R1]
```

图3-3　再次在R1上查看RIP的路由条目

图中的“33.1.0.0/22”就是一条汇总的路由。

3. 任务评价

(1) 下载任务3参考答案包。

(2) 解压任务3参考答案包。

(3) 重新启动eNSP，依次选择“菜单”→“考试”→“阅卷”。在弹出的“阅卷”对话框中，在“标准答案文件路径”文本框中选择下载的“参考答案”文件夹中的文件，在“学生答案保存路径”文本框中选择交卷时的位置，再单击“阅卷”按钮，如图0-9所示，在弹出的对话框中选择“是”，即可看到阅卷结果。

4. 拓展知识

扫描下面的二维码即可在手机上阅读拓展知识。

任务 4　配置 RIP 明文与 MD5 认证、抑制接口、V1 与 V2 兼容

任务拓扑

任务 4 拓扑如图 4-1 所示。

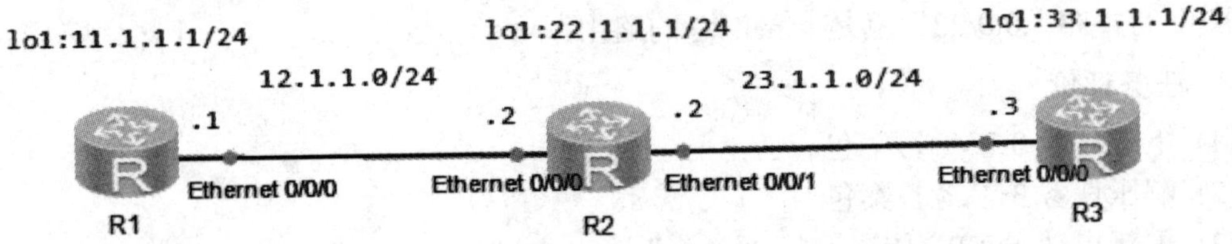

图 4-1　任务 4 拓扑

任务要求

(1) 根据拓扑图配置各路由器端口及环回接口的 IP 地址，并启用端口。

(2) 为各路由器配置 RIP 的版本为 V2，关闭自动汇总。

(3) 在 R3 上配置两个子端口，地址分别为 33.1.2.1/24 和 33.1.3.1/24。

(4) 在 R2 上进行手动汇总，将 33.1.1.1/24、33.1.2.1/24 和 33.1.3.1/24 汇总为一个网络。

(5) 在 R1 与 R2 之间进行明文的认证，密码为 yes。

(6) 在 R2 与 R3 之间使用 RIP 的 MD5 认证，密码为 yes。

(7) 在 R2 上抑制连接 R1 的接口。

(8) 修改 R3 的 RIP 版本 1，配置 R2 使其与 R3 兼容。

任务目标

(1) 熟悉在华为设备上配置 RIP 协议、汇总 RIP 路由、进行明文及 MD5 的认证，以及设置被动接口等；

(2) 掌握 RIPv2 的配置方式、汇总方式、认证配置方式；

(3) 掌握 RIPv2 中被动接口的配置；

(4) 掌握 RIPv2 与 RIPv1 的兼容配置。

相关知识

MD5 消息摘要算法(MD5 Message-Digest Algorithm)是一种被广泛使用的密码散列函数，可以产生一个 128 位(16 字节)的散列值(Hash Value)，用于确保信息传输完整一致。

抑制接口也称为静默接口，它只用于接收而不发送报文。

操作步骤

1. 任务准备

(1) 下载任务 4 原件包。

(2) 解压任务 4 原件包。

(3) 双击“任务 4 配置 RIP 明文与 MD5 认证、抑制接口、V1 与 V2 兼容.paper”，启动任务。

2. 任务操作

(1) 配置端口及环回接口的 IP 地址。

配置 R1：

```
<Huawei>system-view
[Huawei]sysname R1
[R1]interface Ethernet 0/0/0
[R1-Ethernet0/0/0]ip address 12.1.1.1 255.255.255.0
[R1-Ethernet0/0/0]undo shutdown
[R1-Ethernet0/0/0]int loopback 1
[R1-LoopBack1]ip add 11.1.1.1 255.255.255.0
[R1-LoopBack1]quit
<R1>save
```

配置 R2：

```
<Huawei>system-view
[Huawei]sysname R2
[R2]interface Ethernet 0/0/0
[R2-Ethernet0/0/0]ip address 12.1.1.2 255.255.255.0
[R2-Ethernet0/0/0]undo shutdown
[R2]interface Ethernet 0/0/1
[R2-Ethernet0/0/1]ip address 23.1.1.2 255.255.255.0
[R2-Ethernet0/0/1]undo shutdown
[R2-Ethernet0/0/1]int loopback 1
[R2-LoopBack1]ip add 22.1.1.1 255.255.255.0
```

```
[R2-LoopBack1]quit
<R2>save
```

配置 R3：

```
[Huawei]sysname R3
[R3]interface Ethernet 0/0/0
[R3-Ethernet0/0/0]ip address 23.1.1.3 255.255.255.0
[R3-Ethernet0/0/0]undo shutdown
[R3-Ethernet0/0/0]int loopback 1
[R3-LoopBack1]ip add 33.1.1.1 255.255.255.0
[R3-LoopBack1]quit
<R3>save
```

(2) 配置 RIP 的版本为 V2，关闭自动汇总。

配置 R1：

```
[R1]rip 1                    //进程号可以用来区分本地的 RIP 进程，以限定路由传递的区域
[R1-rip-1]version 2          //确定 RIP 的版本
[R1-rip-1]undo summary       //关闭自动汇总
[R1-rip-1]network 11.0.0.0   //通告主类网段
[R1-rip-1]network 12.0.0.0
[R1-rip-1]                   //按 Ctrl+Z，直接退回用户视图
<R1>save
```

配置 R2：

```
[R2]rip 1                    //进程号可以用来区分本地的 RIP 进程，以限定路由传递的区域
[R2-rip-1]version 2          //确定 RIP 的版本
[R2-rip-1]undo summary       //关闭自动汇总
[R2-rip-1]network 22.0.0.0   //通告主类网段
[R2-rip-1]network 12.0.0.0
[R2-rip-1]network 23.0.0.0
[R2-rip-1]                   //按 Ctrl+Z，直接退回用户视图
<R2>save
```

配置 R3：

```
[R3]rip 1                    //进程号可以用来区分本地的 RIP 进程，以限定路由传递的区域
[R3-rip-1]version 2          //确定 RIP 的版本
[R3-rip-1]undo summary       //关闭自动汇总
[R3-rip-1]network 33.0.0.0   //通告主类网段
[R3-rip-1]network 23.0.0.0
[R3-rip-1]                   //按 Ctrl+Z，直接退回用户视图
<R3>save
```

(3) 配置 RIP 手动汇总。

① 在 R3 上的回环口 LoopBack1 上配置多个子地址：

```
[R3]interface LoopBack1
[R3-LoopBack1]ip address 33.1.2.1 255.255.255.0 sub
[R3-LoopBack1]ip address 33.1.3.1 255.255.255.0 sub
[R3-LoopBack1]                    //按 Ctrl+Z，直接退回用户视图
<R3>save
```

② 汇总都是在路由的出接口(这里是在 R2 的出接口)进行：

```
[R2]interface e0/0/0
[R2-Ethernet0/0/0]rip summary-address 33.1.0.0 255.255.252.0
[R2-Ethernet0/0/0]                //按 Ctrl+Z，直接退回用户视图
<R2>save
```

(4) 在 R1 与 R2 之间进行明文的认证。

```
[R1]interface Ethernet 0/0/0
[R1-Ethernet0/0/0]rip authentication-mode simple yes
[R1-Ethernet0/0/0]
<R1>save
```

在 R1 上查看路由表：

```
[R1]display ip routing-table protocol rip
```

在 R1 上将看不到任何 RIP 的路由，再查看 R2：

```
[R2]display ip routing-table protocol rip
```

在 R2 上也看不到 R1 的路由，接着在 R2 上配置 RIP 的明文认证：

```
[R2]interface Ethernet 0/0/0
[R2-Ethernet0/0/0]rip authentication-mode simple yes
[R2-Ethernet0/0/0]
<R2>save
```

再查看 R1 和 R2 上的路由表，此时都能查到。

(5) 在 R2 与 R3 之间使用 RIP 的 MD5 认证。

```
[R2]interface Ethernet 0/0/1
[R2-Ethernet0/0/1]rip authentication-mode md5 usual yes
[R2-Ethernet0/0/1]
<R2>save
```

在 R3 上对 MD5 进行认证：

```
[R3]interface Ethernet 0/0/0
[R3-Ethernet0/0/0]rip authentication-mode md5 usual yes
[R3-Ethernet0/0/0]
<R3>save
```

(6) 配置 RIP 的抑制接口。

在 R2 上抑制连接 R1 的接口，并查看效果：

```
[R2]rip 1
[R2-rip-1]silent-interface Ethernet 0/0/0
[R2-rip-1]quit
[R2]int e0/0/0
[R2-Ethernet0/0/0]shutdown
[R2-Ethernet0/0/0]undo shutdown
[R2-Ethernet0/0/0]
<R2>save
```

之后，再在 R1 上查看路由：

```
<R1>display ip routing protocol rip
```

此时看不到路由，这说明 R1 再也接收不到 R2 的路由了。然后在 R2 上查看路由：

```
[R2]display ip routing protocol rip
```

这说明 R2 能正常接收 R1 的路由，也就是只收不发，与 CISCO 的被动接口具有一样的效果。

(7) 配置 RIPV1 使其与 V2 兼容。

① 修改 R3 的 RIP 的版本 1：

```
[R3]rip 1
[R3-rip-1]version 1
[R3-rip-1]
<R3>save
```

② 在 R2 上查看路由表：

```
[R2]display ip routing protocol rip          //结果是 R2 再也接收不到 R3 的路由
[R3]display ip routing protocol rip
//同样 R3 也接收不到 R2 的路由，因为默认 V1 与 V2 是不兼容的
```

③ 在 R2 上配置兼容命令：

```
[R2]interface Ethernet 0/0/1
[R2-Ethernet0/0/1]rip version 1
[R2-Ethernet0/0/1]
<R2>save
```

④ 查看路由表：

```
[R2]display ip routing protocol rip
<R3>display ip routing protocol rip
```

可以看出，双方都接收到了对方的路由，但都是汇总的，因为 V1 传递的是主类的路由。

3. 任务评价

(1) 下载任务 4 参考答案包。

(2) 解压任务 4 参考答案包。

(3) 重新启动 eNSP，依次选择“菜单”→“考试”→“阅卷”。在弹出的“阅卷”对话框中，在“标准答案文件路径”文本框中选择下载的“参考答案”文件夹中的文件，在

"学生答案保存路径"文本框中选择交卷时的位置，再单击"阅卷"按钮，如图 0-9 所示，在弹出的对话框中选择"是"，即可看到阅卷结果。

4. 拓展知识

扫描下面的二维码即可在手机上阅读拓展知识。

任务 5　配置单区域的 OSPF

任务拓扑

任务 5 拓扑如图 5-1 所示。

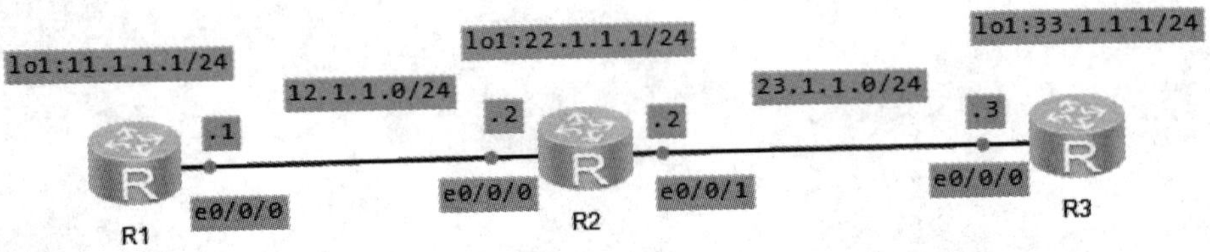

图 5-1　任务 5 拓扑

任务要求

(1) 根据拓扑图配置各路由器端口及环回接口的 IP 地址并启用端口。
(2) 为各路由器配置单区域 OSPF 及 MD5 认证，密码为 yes。
(3) 分别在 R1、R2、R3 上查看路由信息。
(4) 查看邻居关系。
(5) 查看 LSDB 表项。
(6) 查看 R1 与 R2 之间谁是 DR。
(7) 修改 R2 的接口 e0/0/0 优先级为 10。

任务目标

掌握单区域 OSPF 的配置方法和 OSPF 区域认证的配置方法。

相关知识

DR：在一个 OSPF 网络中，选举一个路由器作为指定路由器(Designated Router，DR)，所有其他路由器只和它一个交换整个网络的路由更新信息，再由它对邻居路由器发送更新报文，这样节省网络流量。再指定一个备份指定路由器(Backup Designated Router，BDR)，当 DR 出现故障时，BDR 接替 DR 的作用，确保网络的可靠性。

操作步骤

1. 任务准备

(1) 下载任务 5 原件包。

(2) 解压任务 5 原件包。

(3) 双击“任务 5 配置单区域的 OSPF.paper”，启动任务。

2. 任务操作

(1) 配置端口及环回接口的 IP 地址。

配置 R1：

```
<Huawei>system-view
[Huawei]sysname R1
[R1]interface Ethernet 0/0/0
[R1-Ethernet0/0/0]ip address 12.1.1.1 255.255.255.0
[R1-Ethernet0/0/0]undo shutdown
[R1-Ethernet0/0/0]int loopback 1
[R1-LoopBack1]ip add 11.1.1.1 255.255.255.0
[R1-LoopBack1]quit
<R1>save
```

配置 R2：

```
<Huawei>system-view
[Huawei]sysname R2
[R2]interface Ethernet 0/0/0
[R2-Ethernet0/0/0]ip address 12.1.1.2 255.255.255.0
[R2-Ethernet0/0/0]undo shutdown
[R2]interface Ethernet 0/0/1
[R2-Ethernet0/0/1]ip address 23.1.1.2 255.255.255.0
[R2-Ethernet0/0/1]undo shutdown
[R2-Ethernet0/0/1]int loopback 1
[R2-LoopBack1]ip add 22.1.1.1 255.255.255.0
[R2-LoopBack1]quit
<R2>save
```

配置 R3：

```
[Huawei]sysname R3
[R3]interface Ethernet 0/0/0
[R3-Ethernet0/0/0]ip address 23.1.1.3 255.255.255.0
[R3-Ethernet0/0/0]undo shutdown
```

```
[R3-Ethernet0/0/0]int loopback 1
[R3-LoopBack1]ip add 33.1.1.1 255.255.255.0
[R3-LoopBack1]quit
<R3>save
```

(2) 配置单区域的 OSPF 及 MD5 认证。

配置 R1：

```
[R1]ospf 1 router-id 11.1.1.1                                     //配置 OSPF 的进程号以及 route-id
[R1-ospf-1]area 0                                                 //进入到区域 0 中
[R1-ospf-1-area-0.0.0.0]network 12.1.1.1 0.0.0.0                  //精确通告一个 IP 地址
[R1-ospf-1-area-0.0.0.0]network 11.1.1.1 0.0.0.0
[R1-ospf-1-area-0.0.0.0]authentication-mode md5 1 cipher yes      //基于区域的 MD5 认证
[R1-ospf-1-area-0.0.0.0]                                          //按 Ctrl+Z，直接退回用户视图
<R1>save
```

配置 R2：

```
[R2]ospf 1 router-id 22.1.1.1
[R2-ospf-1]area 0
[R2-ospf-1-area-0.0.0.0]network 12.1.1.2 0.0.0.0
[R2-ospf-1-area-0.0.0.0]network 23.1.1.2 0.0.0.0
[R2-ospf-1-area-0.0.0.0]network 22.1.1.1 0.0.0.0
[R2-ospf-1-area-0.0.0.0]authentication-mode md5 1 cipher yes
[R2-ospf-1-area-0.0.0.0]                                          //按 Ctrl+Z，直接退回用户视图
<R2>save
```

配置 R3：

```
[R3]ospf 1 router-id 33.1.1.1
[R3-ospf-1]area 0
[R3-ospf-1-area-0.0.0.0]network 33.1.1.1 0.0.0.0
[R3-ospf-1-area-0.0.0.0]network 23.1.1.3 0.0.0.0
[R3-ospf-1-area-0.0.0.0]authentication-mode md5 1 cipher yes
[R3-ospf-1-area-0.0.0.0]                                          //按 Ctrl+Z，直接退回用户视图
<R3>save
```

(3) 查看路由表。

```
[R1]display ip routing protocol ospf                  //查看路由的学习情况
[R2]display ip routing protocol ospf
[R3]display ip routing protocol ospf
```

使用 display ospf brief 命令查看 OSPF 运行的基本信息：

```
…
Authtype：MD5 Area flag：Normal                       //区域 0 的认证类型为 MD5
…
Interface：12.1.1.1 (Ethernet0/0/0)
```

```
Cost：1 State：DR Type：Broadcast MTU：1500
//接口 e0/0/0 的开销为 1，状态为 DR，接口的网络类型为广播型
```

(4) 查看邻居关系。

```
[R1]display ospf peer brief
```

(5) 查看 LSDB 表项。

```
[R1]display ospf lsdb
```

(6) 查看 R1 与 R2 之间谁是 DR。

```
[R1]display ospf peer
    OSPF Process 1 with Router ID 11.1.1.1
      Neighbors

Area 0.0.0.0 interface 12.1.1.1(Ethernet0/0/0)'s neighbors
Router ID：  22.1.1.1          Address：  12.1.1.2
    State：  Full   Mode：Nbr is   Master   Priority：  1
DR：  12.1.1.2   BDR：  12.1.1.1   MTU：  0
    Dead timer due in 34   sec
    Retrans timer interval：  5
    Neighbor is up for 00：27：00
    Authentication Sequence：  [ 91]
//以上说明 R2 为 DR
```

(7) 修改 R2 的接口 e0/0/0 优先级为 10。

```
<R2>sys
[R2]int e0/0/0
[R2-Ethernet0/0/0]ospf dr-priority 10
```

3. 任务评价

(1) 下载任务 5 参考答案包。

(2) 解压任务 5 参考答案包。

(3) 重新启动 eNSP，依次选择“菜单”→“考试”→“阅卷”。在弹出的“阅卷”对话框中，在“标准答案文件路径”文本框中选择下载的“参考答案”文件夹中的文件，在“学生答案保存路径”文本框中选择交卷时的位置，再单击“阅卷”按钮，如图 0-9 所示，在弹出的对话框中选择“是”，即可看到阅卷结果。

4. 拓展知识

扫描下面的二维码即可在手机上阅读拓展知识。

任务6 配置接口网络类型、Cost值、被动接口

任务拓扑

任务6拓扑如图6-1所示。

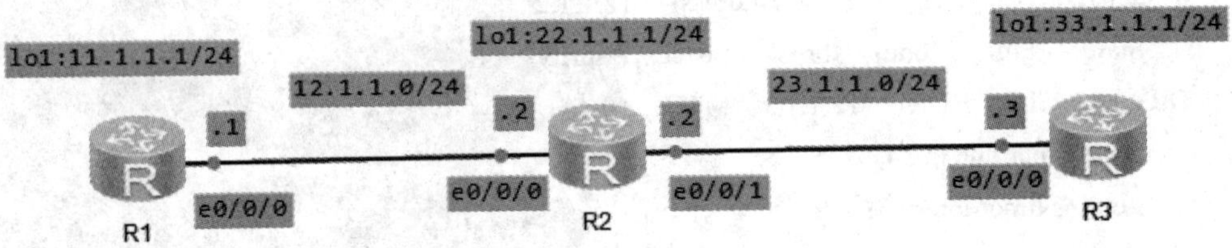

图6-1 任务6拓扑

任务要求

(1) 根据拓扑图配置各路由器端口及环回接口的IP地址，并启用端口。

(2) 为各路由器配置单区域OSPF及MD5认证，密码为yes。

(3) 在R1上查看路由表，再查看R2环回接口LoopBack1的网络类型；将R2的接口LoopBack1网络类型修改为broadcast。

(4) 查看R1路由表，与上次在R1上查看的结果进行比较。

(5) 查看R2环回口的Cost值。

(6) 修改R2环回口LoopBack1的Cost值为99。

(7) 在R1上查看R2环回接口LoopBack1的Cost值。

(8) 将R1的接口e0/0/0配置为被动接口。

(9) 分别在R1、R2上查看OSPF的邻居路由。

任务目标

(1) 掌握单区域OSPF的配置方法；

(2) 掌握OSPF区域认证的配置及修改接口类型的方法。

相关知识

Cost 值：到达某个路由所指的目的地址的代价，可通过手动或自动设置。

被动接口：只接收不发送路由更新。在不同的路由协议中，被动接口的工作方式也不相同。

操作步骤

1. 任务准备

(1) 下载任务 6 原件包。

(2) 解压任务 6 原件包。

(3) 双击“任务 6 配置接口网络类型、Cost 值、被动接口.paper”，启动任务。

2. 任务操作

(1) 配置端口及环回接口的 IP 地址。

配置 R1：

```
<Huawei>system-view
[Huawei]sysname R1
[R1]interface Ethernet 0/0/0
[R1-Ethernet0/0/0]ip address 12.1.1.1 255.255.255.0
[R1-Ethernet0/0/0]undo shutdown
[R1-Ethernet0/0/0]int loopback 1
[R1-LoopBack1]ip add 11.1.1.1 255.255.255.0
[R1-LoopBack1]quit
<R1>save
```

配置 R2：

```
<Huawei>system-view
[Huawei]sysname R2
[R2]interface Ethernet 0/0/0
[R2-Ethernet0/0/0]ip address 12.1.1.2 255.255.255.0
[R2-Ethernet0/0/0]undo shutdown
[R2]interface Ethernet 0/0/1
[R2-Ethernet0/0/1]ip address 23.1.1.2 255.255.255.0
[R2-Ethernet0/0/1]undo shutdown
[R2-Ethernet0/0/1]int loopback 1
[R2-LoopBack1]ip add 22.1.1.1 255.255.255.0
[R2-LoopBack1]quit
<R2>save
```

配置 R3：

```
[Huawei]sysname R3
[R3]interface Ethernet 0/0/0
[R3-Ethernet0/0/0]ip address 23.1.1.3 255.255.255.0
[R3-Ethernet0/0/0]undo shutdown
[R3-Ethernet0/0/0]int loopback 1
[R3-LoopBack1]ip add 33.1.1.1 255.255.255.0
[R3-LoopBack1]quit
<R3>save
```

(2) 配置单区域的 OSPF 及 MD5 认证。

配置 R1：

```
[R1]ospf 1 router-id 11.1.1.1 //配置 OSPF 的进程号以及 router-id
[R1-ospf-1]area 0 //进入到区域 0 中
[R1-ospf-1-area-0.0.0.0]network 12.1.1.1 0.0.0.0                     //精确通告一个 IP 地址
[R1-ospf-1-area-0.0.0.0]network 11.1.1.1 0.0.0.0
[R1-ospf-1-area-0.0.0.0]authentication-mode md5 1 cipher yes         //基于区域的 MD5 认证
[R1-LoopBack1]                                            //按 Ctrl+Z，直接退回用户视图
<R1>save
```

配置 R2：

```
[R2]ospf 1 router-id 22.1.1.1
[R2-ospf-1]area 0
[R2-ospf-1-area-0.0.0.0]network 12.1.1.2 0.0.0.0
[R2-ospf-1-area-0.0.0.0]network 23.1.1.2 0.0.0.0
[R2-ospf-1-area-0.0.0.0]network 22.1.1.1 0.0.0.0
[R2-ospf-1-area-0.0.0.0]authentication-mode md5 1 cipher yes
[R2-LoopBack1]                                            //按 Ctrl+Z，直接退回用户视图
<R2>save
```

配置 R3：

```
[R3]ospf 1 router-id 33.1.1.1
[R3-ospf-1]area 0
[R3-ospf-1-area-0.0.0.0]network 33.1.1.1 0.0.0.0
[R3-ospf-1-area-0.0.0.0]network 23.1.1.3 0.0.0.0
[R3-ospf-1-area-0.0.0.0]authentication-mode md5 1 cipher yes
[R3-LoopBack1]                                            //按 Ctrl+Z，直接退回用户视图
<R3>save
```

(3) 修改接口的网络类型。

① 查看 R1 的路由表，将会发现 R1 上接收到的 R2、R3 的环回接口路由都是 32 位的主机路由。

```
[R1]display ip routing protocol ospf
```

执行以上命令的效果如图 6-2 所示。

```
[R1]display ip routing protocol ospf
Route Flags: R - relay, D - download to fib
------------------------------------------------------------------------------
Public routing table : OSPF
         Destinations : 3        Routes : 3

OSPF routing table status : <Active>
         Destinations : 3        Routes : 3

Destination/Mask    Proto   Pre  Cost      Flags NextHop         Interface

      22.1.1.1/32  OSPF    10   1           D   12.1.1.2        Ethernet0/0/0
      23.1.1.0/24  OSPF    10   2           D   12.1.1.2        Ethernet0/0/0
      33.1.1.1/32  OSPF    10   2           D   12.1.1.2        Ethernet0/0/0

OSPF routing table status : <Inactive>
         Destinations : 0        Routes : 0
```

图 6-2　在 R1 上查看 OSPF 路由信息

② 查看 R2 上环回接口的网络类型，如图 6-3 所示，其类型是 P2P。

[R2]display ospf interface LoopBack 1

```
<R2>display ospf interface loopback 1

       OSPF Process 1 with Router ID 22.1.1.1
             Interfaces


Interface: 22.1.1.1 (LoopBack1)
Cost: 0        State: P-2-P     Type: P2P        MTU: 1500
Timers: Hello 10 , Dead 40 , Poll  120 , Retransmit 5 , Transmit Delay 1
```

图 6-3　查看 R2 上环回接口的网络类型

与 CISCO 不同的是，CISCO 的回环接口是 LoopBack，但结果相同，都是发送 32 位主机路由。

③ 修改接口的网络类型为 broadcast。

[R2]interface LoopBack 1

[R2-LoopBack1]ospf network-type broadcast

[R2-LoopBack1]

<R2>save

④ 修改后再去 R1 查看结果。

[R1]display ip routing protocol ospf

可以发现 R1 接收到的 R2 路由是 24 位的，如图 6-4 所示。

```
<R1>display ip routing protocol ospf
Route Flags: R - relay, D - download to fib
------------------------------------------------------------------------------
Public routing table : OSPF
         Destinations : 3        Routes : 3

OSPF routing table status : <Active>
         Destinations : 3        Routes : 3

Destination/Mask    Proto   Pre  Cost      Flags NextHop         Interface

      22.1.1.0/24  OSPF    10   1           D   12.1.1.2        Ethernet0/0/0
      23.1.1.0/24  OSPF    10   2           D   12.1.1.2        Ethernet0/0/0
      33.1.1.1/32  OSPF    10   2           D   12.1.1.2        Ethernet0/0/0

OSPF routing table status : <Inactive>
         Destinations : 0        Routes : 0

<R1>
```

图 6-4　修改后的 R2

(4) 修改 OSPF 接口的 Cost 值。

① 查看环回接口的 Cost 值，如图 6-5 所示。

```
[R2]display ip routing
Route Flags: R - relay, D - download to fib
------------------------------------------------------------------------------
Routing Tables: Public
         Destinations : 10       Routes : 10

Destination/Mask    Proto   Pre  Cost      Flags NextHop         Interface

       11.1.1.1/32  OSPF    10   1           D   12.1.1.1        Ethernet0/0/0
       12.1.1.0/24  Direct  0    0           D   12.1.1.2        Ethernet0/0/0
       12.1.1.2/32  Direct  0    0           D   127.0.0.1       Ethernet0/0/0
       22.1.1.0/24  Direct  0    0           D   22.1.1.1        LoopBack1
       22.1.1.1/32  Direct  0    0           D   127.0.0.1       LoopBack1
       23.1.1.0/24  Direct  0    0           D   23.1.1.2        Ethernet0/0/1
       23.1.1.2/32  Direct  0    0           D   127.0.0.1       Ethernet0/0/1
       33.1.1.1/32  OSPF    10   1           D   23.1.1.3        Ethernet0/0/1
      127.0.0.0/8   Direct  0    0           D   127.0.0.1       InLoopBack0
      127.0.0.1/32  Direct  0    0           D   127.0.0.1       InLoopBack0
```

图 6-5　查看环回接口的 Cost 值

② 修改 R2 的环回接口 cost 值为 99。

[R2]interface loop 1

[R2-LoopBack1]ospf Cost 99

[R2-LoopBack1]

<R2>save

③ 查看 R1 结果，如图 6-6 所示。

```
[R1]display ip routing protocol ospf
Route Flags: R - relay, D - download to fib
------------------------------------------------------------------------------
Public routing table : OSPF
         Destinations : 3        Routes : 3

OSPF routing table status : <Active>
         Destinations : 3        Routes : 3

Destination/Mask    Proto   Pre  Cost      Flags NextHop         Interface

       22.1.1.0/24  OSPF    10   100         D   12.1.1.2        Ethernet0/0/0
       23.1.1.0/24  OSPF    10   2           D   12.1.1.2        Ethernet0/0/0
       33.1.1.1/32  OSPF    10   2           D   12.1.1.2        Ethernet0/0/0

OSPF routing table status : <Inactive>
         Destinations : 0        Routes : 0
```

图 6-6　修改 COST 值后的效果

(5) 配置 OSPF 的被动接口。

OSPF 的被动接口不同于 RIP，它不再是只收不发，而是不收也不发任何 OSPF 的报文，会导致无法建立邻居关系，自然也学习不到任何路由。

① 将 R1 的 e0/0/0 接口配置为被动接口。

[R1]ospf 1

[R1-ospf-1]silent-interface Ethernet 0/0/0

[R1-ospf-1]

<R1>save

[R1]display ospf peer

显示效果如图 6-7 所示。

```
[R1-ospf-1]display ospf peer

      OSPF Process 1 with Router ID 11.1.1.1
[R1-ospf-1]
```

图 6-7　查看路由信息

图 6-7 说明在 R1 上看不到任何路由。

② 在 R2 上查看路由信息，显示效果如图 6-8 所示。

```
[R2]display ospf peer

      OSPF Process 1 with Router ID 22.1.1.1
            Neighbors

 Area 0.0.0.0 interface 23.1.1.2(Ethernet0/0/1)'s neighbors
 Router ID: 33.1.1.1          Address: 23.1.1.3
   State: Full  Mode:Nbr is  Master  Priority: 1
   DR: 23.1.1.3  BDR: 23.1.1.2  MTU: 0
   Dead timer due in 33  sec
   Retrans timer interval: 5
   Neighbor is up for 00:21:52
   Authentication Sequence: [ 3576]
```

图 6-8　在 R2 上查看路由信息

可见，只能看到邻居 R3，看不到 R1。

③ 若要取消被动接口配置，则操作如下(注意交卷前请勿操作)：

```
[R1]ospf 1
[R1-ospf-1]undo silent-interface Ethernet 0/0/0
```

3. 任务评价

(1) 下载任务 6 参考答案包。

(2) 解压任务 6 参考答案包。

(3) 重新启动 eNSP，依次选择“菜单”→“考试”→“阅卷”。在弹出的“阅卷”对话框中，在“标准答案文件路径”文本框中选择下载的“参考答案”文件夹中的文件，在“学生答案保存路径”文本框中选择交卷时的位置，再单击“阅卷”按钮，如图 0-9 所示，在弹出的对话框中选择“是”，即可看到阅卷结果。

4. 拓展知识

扫描下面的二维码即可在手机上阅读拓展知识。

任务7 配置多区域的OSPF

任务拓扑

任务7拓扑如图7-1所示。

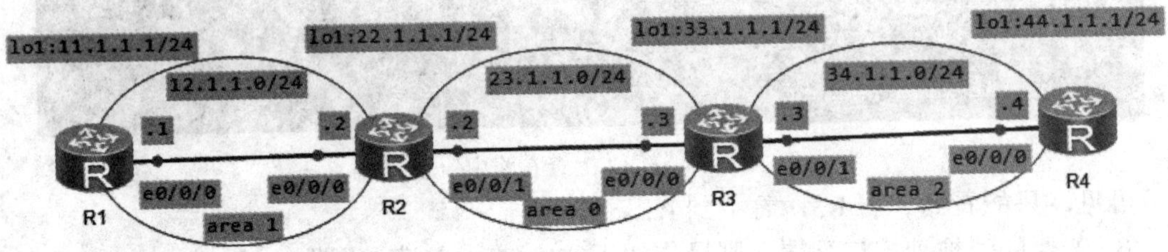

图7-1 任务7拓扑

任务要求

(1) 根据拓扑图配置各路由器接口的IP地址，并启用接口。

(2) 根据拓扑图配置OSPF，使网络各节点互通。

(3) 在R1上查看路由表。

(4) 修改OSPF的参考带宽值为1000 Mb/s，并查看路由表，观察COST的变化。

(5) 在R4的LoopBack1上创建如下直连路由(子接口)：44.1.0.1/24、44.1.2.1/24、44.1.3.1/24。

(6) 将上述直连路由重分布进OSPF。

(7) 查看import-route命令与其他协议可实现哪些重分布。

任务目标

(1) 掌握多区域OSPF的配置方法；

(2) 掌握OSPF区域之间路由汇总的配置方法；

(3) 掌握OSPF参考带宽的配置方法；

(4) 掌握OSPF引入外部路由的配置方法；

(5) 掌握 OSPF 引入外部路由时进行路由汇总的方法；

(6) 掌握向 OSPF 导入缺省路由的方法；

(7) 掌握 OSPF 中各类路由管理距离的修改方法。

相关知识

1. OSPF 基本概念

OSPF 包含两个基本概念：一个是自治系统(Autonomous System，AS)，也称 OSPF 路由域；另一个是 Router ID。自治系统是指使用同一种路由协议交换路由信息的一组路由器。由于 LSDB(Link State DataBase，链路状态数据库)描述的是整个网络的拓扑结构，包括网络内所有的路由器，所以网络内每个路由器都需要有一个唯一的标识，用于在 LSDB 中标识自己。Router ID 就是这样一个用于在自治系统中唯一标识一台运行 OSPF 的路由器的 32 位整数。Router ID 需用手工配置，一般将其配置为该路由器某个接口的 IP 地址。由于 IP 地址是唯一的，所以就保证了 Router ID 的唯一性。在没有手工配置 Router ID 的情况下，一些厂家的路由器(包括 Quidway 系列)支持从当前所有接口的 IP 地址自动选举一个 IP 地址作为 Router ID。

2. OSPF 基本特点

(1) 支持无类域内路由(Classless Inter-Domain Routing，CIDR)：OSPF 是专门为 TCP/IP 环境开发的路由协议，显式支持无类域内路由和可变长子网掩码(Variable Length Subnetwork Mask，VLSM)。

(2) 无路由自环：由于路由的计算基于详细链路状态信息(网络拓扑信息)，因此 OSPF 计算的路由无自环。

(3) 收敛速度快：触发式更新，一旦拓扑结构发生变化，新的链路状态信息立刻泛洪，对拓扑变化较敏感。

(4) 使用 IP 组播收发协议数据：OSPF 路由器使用组播和单播收发协议数据，因此占用的网络流量很小。

(5) 支持多条等值路由：当到达目的地的等开销路径有多条时，流量被均衡地分担在这些等开销路径上。

(6) 支持协议报文的认证：OSPF 路由器之间交换的所有报文都被验证。

3. OSPF 的链路状态算法

OSPF 最显著的特点是使用链路状态算法，区别于早先的路由协议使用的距离矢量算法，因此，这里首先介绍链路状态算法的路由计算基本过程。每个路由器通过泛洪链路状态通告(Link-State Advertisement，LSA)向外发布本地链路状态信息(如可用的端口、可到达的邻居以及相邻的网段等)。每一个路由器通过收集其他路由器发布的链路状态通告以及自身生成的本地链路状态通告，形成一个链路状态数据库(LSDB)。LSDB 描述了路由域内详细的网络拓扑结构。所有路由器上的链路状态数据库是相同的。通过 LSDB，每台路由器计算一个以自己为根、以网络中其他节点为叶的最短路径树。每台路由器计算的最短路径树给出了到网络中其他节点的路由表。

操作步骤

1. 任务准备

(1) 下载任务 7 原件包。

(2) 解压任务 7 原件包。

(3) 双击“任务 7 配置多区域的 OSPF.paper”，启动任务。

2. 任务操作

(1) 配置端口及环回接口的 IP 地址。

配置 R1：

```
<Huawei>system-view
[Huawei]sysname R1
[R1]interface Ethernet 0/0/0
[R1-Ethernet0/0/0]ip address 12.1.1.1 255.255.255.0
[R1-Ethernet0/0/0]undo shutdown
[R1-Ethernet0/0/0]int loopback 1
[R1-LoopBack1]ip add 11.1.1.1 255.255.255.0
[R1-LoopBack1]quit
<R1>save
```

配置 R2：

```
<Huawei>system-view
[Huawei]sysname R2
[R2]interface Ethernet 0/0/0
[R2-Ethernet0/0/0]ip address 12.1.1.2 255.255.255.0
[R2-Ethernet0/0/0]undo shutdown
[R2]interface Ethernet 0/0/1
[R2-Ethernet0/0/1]ip address 23.1.1.2 255.255.255.0
[R2-Ethernet0/0/1]undo shutdown
[R2-Ethernet0/0/1]int loopback 1
[R2-LoopBack1]ip add 22.1.1.1 255.255.255.0
[R2-LoopBack1]quit
<R2>save
```

配置 R3：

```
[Huawei]sysname R3
[R3]interface Ethernet 0/0/0
[R3-Ethernet0/0/0]ip address 23.1.1.3 255.255.255.0
[R3-Ethernet0/0/0]undo shutdown
[R3-Ethernet0/0/0]int loopback 1
```

[R3-LoopBack1]ip add 33.1.1.1 255.255.255.0

[R3]interface Ethernet 0/0/1

[R3-Ethernet0/0/1]ip address 34.1.1.3 255.255.255.0

[R3-Ethernet0/0/1]undo shutdown

[R3-LoopBack1]quit

<R3>save

配置 R4：

[Huawei]sysname R4

[R4]interface Ethernet 0/0/0

[R4-Ethernet0/0/0]ip address 34.1.1.4 255.255.255.0

[R4-Ethernet0/0/0]undo shutdown

[R4-Ethernet0/0/0]int loopback 1

[R4-LoopBack1]ip add 44.1.1.1 255.255.255.0

[R4-LoopBack1]quit

<R4>save

(2) 配置多区域 OSPF。

在 R1 上配置：

[R1]ospf 1 router-id 11.1.1.1

[R1-ospf-1]area 1

[R1-ospf-1-area-0.0.0.1]network 11.1.1.1 0.0.0.0

[R1-ospf-1-area-0.0.0.1]network 12.1.1.1 0.0.0.0

[R1-ospf-1-area-0.0.0.1]

<R1>save

在 R2 上配置：

[R2]ospf 1 router-id 22.1.1.1

[R2-ospf-1]area 0

[R2-ospf-1-area-0.0.0.0]network 23.1.1.2 0.0.0.0

[R2-ospf-1-area-0.0.0.0]quit

[R2-ospf-1]area 1

[R2-ospf-1-area-0.0.0.1]network 12.1.1.2 0.0.0.0

[R2-ospf-1-area-0.0.0.1]network 22.1.1.1 0.0.0.0

[R2-ospf-1-area-0.0.0.1]

<R2>save

在 R3 上配置：

[R3]ospf 1 router-id 33.1.1.1

[R3-ospf-1]area 0

[R3-ospf-1-area-0.0.0.0]network 23.1.1.3 0.0.0.0

[R3-ospf-1-area-0.0.0.0]quit

[R3-ospf-1]area 2

[R3-ospf-1-area-0.0.0.2]network 34.1.1.3 0.0.0.0

[R3-ospf-1-area-0.0.0.2]network 33.1.1.1 0.0.0.0

[R3-ospf-1-area-0.0.0.2]

<R3>save

在 R4 上配置：

[R4]ospf 1 router-id 44.1.1.1

[R4-ospf-1]area 2

[R4-ospf-1-area-0.0.0.2]network 34.1.1.4 0.0.0.0

[R4-ospf-1-area-0.0.0.2]network 44.1.1.1 0.0.0.0

[R4-ospf-1-area-0.0.0.2]

<R4>save

配置完成后，查看 R1 的路由表，效果如图 7-2 所示。

```
[R1]display ip routing protocol ospf
Route Flags: R - relay, D - download to fib
------------------------------------------------------------------------------
Public routing table : OSPF
         Destinations : 5        Routes : 5

OSPF routing table status : <Active>
         Destinations : 5        Routes : 5

Destination/Mask    Proto   Pre  Cost      Flags NextHop         Interface

      22.1.1.1/32   OSPF    10   1           D   12.1.1.2        Ethernet0/0/0
      23.1.1.0/24   OSPF    10   2           D   12.1.1.2        Ethernet0/0/0
      33.1.1.1/32   OSPF    10   2           D   12.1.1.2        Ethernet0/0/0
      34.1.1.0/24   OSPF    10   3           D   12.1.1.2        Ethernet0/0/0
      44.1.1.1/32   OSPF    10   3           D   12.1.1.2        Ethernet0/0/0

OSPF routing table status : <Inactive>
         Destinations : 0        Routes : 0
```

图 7-2　查看 R1 的路由表

由图 7-2 可知，R1 学习到了所有区域的路由，这里与 CISCO 不同的是，区域间的路由与区域内的路由优先级是一样的。

(3) 修改 OSPF 的参考带宽值。

虽然在实际中可能使用了千兆甚至万兆以太网，但是由于 OSPF 的默认参考带宽值为 100 Mb/s，并且接口带宽值为整数，所以 OSPF 无法在带宽上区分百兆以太网和千兆及以上的以太网。与 CISCO 一样，可使用如下命令去修改 OSPF 的参考带宽值：

[R1-ospf-1]bandwidth-reference 1000

Info：Reference bandwidth is changed. Please ensure that the reference bandwidth

that is configured for all the routers are the same.

[R1-ospf-1]

<R1>sys

注意：上述修改应在所有路由器上进行。

此时，在 R1 上查看路由表，Cost 值已经发生了发化，如图 7-3 所示。

```
[R1]display ip routing protocol ospf
Route Flags: R - relay, D - download to fib
------------------------------------------------------------------------------
Public routing table : OSPF
         Destinations : 5        Routes : 5

OSPF routing table status : <Active>
         Destinations : 5        Routes : 5

Destination/Mask    Proto   Pre  Cost      Flags NextHop         Interface

      22.1.1.1/32   OSPF    10   10          D   12.1.1.2        Ethernet0/0/0
      23.1.1.0/24   OSPF    10   20          D   12.1.1.2        Ethernet0/0/0
      33.1.1.1/32   OSPF    10   20          D   12.1.1.2        Ethernet0/0/0
      34.1.1.0/24   OSPF    10   30          D   12.1.1.2        Ethernet0/0/0
      44.1.1.1/32   OSPF    10   30          D   12.1.1.2        Ethernet0/0/0

OSPF routing table status : <Inactive>
         Destinations : 0        Routes : 0
```

图 7-3 在 R1 上查看路由表

在 R1 上查看 OSPF 的 LSDB 表，如图 7-4 所示。

```
[R1]display ospf lsdb

       OSPF Process 1 with Router ID 11.1.1.1
             Link State Database

                     Area: 0.0.0.1
 Type       LinkState ID    AdvRouter          Age  Len   Sequence   Metric
 Router     22.1.1.1        22.1.1.1           354  48    8000000A     10
 Router     11.1.1.1        11.1.1.1           761  48    8000000B     10
 Network    12.1.1.2        22.1.1.1           897  32    80000004      0
 Sum-Net    44.1.1.1        22.1.1.1           283  28    80000003     20
 Sum-Net    23.1.1.0        22.1.1.1           354  28    80000002     10
 Sum-Net    34.1.1.0        22.1.1.1           283  28    80000003     20
 Sum-Net    33.1.1.1        22.1.1.1           354  28    80000002     10
```

图 7-4 在 R1 上查看 OSPF 的 LSDB 表

从图 7-4 可看出有三类 LSA：Router、Network、Sum-Net。Sum-Net 的 LSA 用来描述区域间的路由。

(4) 配置路由重分布。

① 在 R4 上引入直连的路由条目。创建几条新的直连路由：

[R4]interface LoopBack 1

[R4-LoopBack1]ip address 44.1.0.1 255.255.255.0 sub

[R4-LoopBack1]ip address 44.1.2.1 255.255.255.0 sub

[R4-LoopBack1]ip address 44.1.3.1 255.255.255.0 sub

② 将上述直连的路由重分布进 OSPF：

[R4]osfp 1

[R4-ospf-1]import-route direct

注意：此命令可用于实现与任何协议之间的重分布，如图 7-5 所示。

```
[R4-ospf-1]import-route ?
  bgp     Border Gateway Protocol (BGP) routes
  direct  Connected routes
  isis    Intermediate System to Intermediate System (IS-IS) routes
  limit   Limit the number of routes imported into OSPF
  ospf    Open Shortest Path First (OSPF) routes
  rip     Routing Information Protocol (RIP) routes
  static  Static routes
  unr     User Network Routes
```

图 7-5　路由重分布命令

[R4-ospf-1]

<R4>save

③ 再次在 R1 上查看路由条目：

[R1]display ip routing protocol ospf

执行该命令的效果如图 7-6 所示。

```
[R1]display ip routing protocol ospf
Route Flags: R - relay, D - download to fib
------------------------------------------------------------------------------
Public routing table : OSPF
         Destinations : 9        Routes : 9

OSPF routing table status : <Active>
         Destinations : 9        Routes : 9

Destination/Mask    Proto   Pre  Cost      Flags NextHop         Interface

       22.1.1.1/32  OSPF    10   10          D   12.1.1.2        Ethernet0/0/0
       23.1.1.0/24  OSPF    10   20          D   12.1.1.2        Ethernet0/0/0
       33.1.1.1/32  OSPF    10   20          D   12.1.1.2        Ethernet0/0/0
       34.1.1.0/24  OSPF    10   30          D   12.1.1.2        Ethernet0/0/0
       44.1.0.0/24  O_ASE   150  1           D   12.1.1.2        Ethernet0/0/0
       44.1.1.0/24  O_ASE   150  1           D   12.1.1.2        Ethernet0/0/0
       44.1.1.1/32  OSPF    10   30          D   12.1.1.2        Ethernet0/0/0
       44.1.2.0/24  O_ASE   150  1           D   12.1.1.2        Ethernet0/0/0
       44.1.3.0/24  O_ASE   150  1           D   12.1.1.2        Ethernet0/0/0

OSPF routing table status : <Inactive>
         Destinations : 0        Routes : 0
```

图 7-6　查看 R1 路由信息

图 7-6 中圈出部分路由表示的就是重新分布进去的路由，优先级为 150，这与 CISCO 是不同的。

3. 任务评价

(1) 下载任务 7 参考答案包。

(2) 解压任务 7 参考答案包。

(3) 重新启动 eNSP，依次选择“菜单”→“考试”→“阅卷”。在弹出的“阅卷”对话框中，在“标准答案文件路径”文本框中选择下载的“参考答案”文件夹中的文件，在“学生答案保存路径”文本框中选择交卷时的位置，再单击“阅卷”按钮，如图 0-9 所示，在弹出的对话框中选择“是”，即可看到阅卷结果。

4. 拓展知识

扫描下面的二维码即可在手机上阅读拓展知识。

任务 8　汇总 OSPF 路由

任务拓扑

任务 8 拓扑如图 8-1 所示。

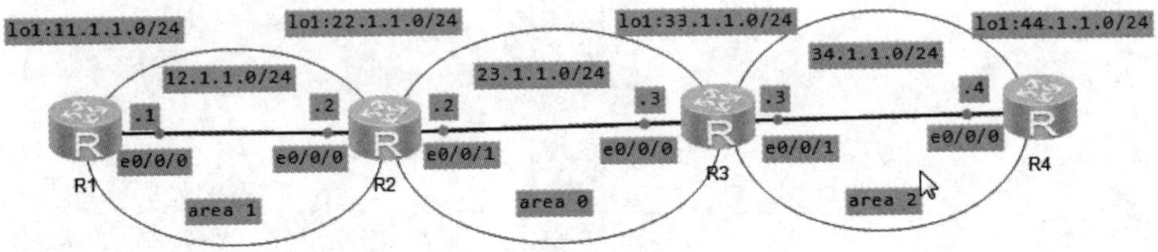

图 8-1　任务 8 拓扑

任务要求

(1) 根据拓扑图配置各路由器接口的 IP 地址，并启用接口。

(2) 根据拓扑配置 OSPF，使网络各节点互通。

(3) 修改 OSPF 的参考带宽值为 1000 Mb/s。

(4) 在 R4 的 LoopBack1 上创建几条直连路由(子接口)：44.1.0.1/24、44.1.2.1/24、44.1.3.1/24。

(5) 把上述直连路由重新分配给 OSPF。

(6) 在 R3 的 LoopBack1 上创建几条直连路由(子接口)：33.1.2.1/24、33.1.0.1/24、33.1.3.1/24，然后通告进入 Area2。

(7) 汇总 R3 的 LoopBack1 上的 4 条路由。

(8) 汇总 R4 上的几条外部路由。

(9) 在 R4 上创建一条默认路由。

(10) 在 R1 上修改 OSPF 路由优先级：内部为 20，外部为 50。

任务目标

(1) 掌握多区域 OSPF 的配置方法；

(2) 掌握 OSPF 区域之间路由汇总的配置方法；
(3) 掌握 OSPF 参考带宽的配置方法；
(4) 掌握 OSPF 引入外部路由的配置方法；
(5) 掌握 OSPF 引入外部路由时进行路由汇总的方法；
(6) 掌握向 OSPF 导入缺省路由的方法；
(7) 掌握修改 OSPF 中各类路由管理距离的方法。

相关知识

路由汇总又称路由聚合(Route Aggregation or Route Summarization)，是指把一组路由汇聚成一条路由条目的操作。这组路由被称为明细路由，而所汇聚成的路由被称为汇总路由。路由汇总是一种重要的思想，尤其在大型项目中必须考虑。随着网络的规模越来越大，网络中的设备所需维护的路由表项也越来越多，路由表的规模会逐渐变大。而路由表需要占用设备的内存空间，路由的查询也需要占用设备的资源，因此我们需要考虑(尤其在一些大型网络中)在保证网络中路由畅通的同时，减小路由表的规模。路由汇总就是一个有效的手段。几乎所有的路由协议都支持路由汇总。RIP、EIGRP 等支持自动及手工路由汇总，而 OSPF 只支持手工路由汇总。OSPF 支持两种形式的手工自动汇总：一种部署在 ABR(Area Border Router，区域边界路由器)上，用于一个或多个 OSPF 区域边界上，将这些区域连接到主干网络的路由器上；另一种则部署在 ASBR(Autonomous System Boundary Router，自治系统边界路由器)上。

操作步骤

1. 任务准备

(1) 下载任务 8 原件包。
(2) 解压任务 8 原件包。
(3) 双击“任务 8 汇总 OSPF 路由.paper”，启动任务。

2. 任务操作

(1) 配置端口及环回接口的 IP 地址。

配置 R1：

```
<Huawei>system-view
[Huawei]sysname R1
[R1]interface Ethernet 0/0/0
[R1-Ethernet0/0/0]ip address 12.1.1.1 255.255.255.0
[R1-Ethernet0/0/0]undo shutdown
[R1-Ethernet0/0/0]int loopback 1
[R1-LoopBack1]ip add 11.1.1.1 255.255.255.0
[R1-LoopBack1]quit
```

```
<R1>save
```

配置 R2：

```
<Huawei>system-view
[Huawei]sysname R2
[R2]interface Ethernet 0/0/0
[R2-Ethernet0/0/0]ip address 12.1.1.2 255.255.255.0
[R2-Ethernet0/0/0]undo shutdown
[R2]interface Ethernet 0/0/1
[R2-Ethernet0/0/1]ip address 23.1.1.2 255.255.255.0
[R2-Ethernet0/0/1]undo shutdown
[R2-Ethernet0/0/1]int loopback 1
[R2-LoopBack1]ip add 22.1.1.1 255.255.255.0
[R2-LoopBack1]quit
<R2>save
```

配置 R3：

```
[Huawei]sysname R3
[R3]interface Ethernet 0/0/0
[R3-Ethernet0/0/0]ip address 23.1.1.3 255.255.255.0
[R3-Ethernet0/0/0]undo shutdown
[R3-Ethernet0/0/0]int loopback 1
[R3-LoopBack1]ip add 33.1.1.1 255.255.255.0
[R3]interface Ethernet 0/0/1
[R3-Ethernet0/0/1]ip address 34.1.1.3 255.255.255.0
[R3-Ethernet0/0/1]undo shutdown
[R3-LoopBack1]quit
<R3>save
```

配置 R4：

```
[Huawei]sysname R4
[R4]interface Ethernet 0/0/0
[R4-Ethernet0/0/0]ip address 34.1.1.4 255.255.255.0
[R4-Ethernet0/0/0]undo shutdown
[R4-Ethernet0/0/0]int loopback 1
[R4-LoopBack1]ip add 44.1.1.1 255.255.255.0
[R4-LoopBack1]quit
<R4>save
```

(2) 配置多区域 OSPF。

在 R1 上配置：

```
[R1]ospf 1 router-id 11.1.1.1
[R1-ospf-1]area 1
```

```
[R1-ospf-1-area-0.0.0.1]network 11.1.1.1 0.0.0.0
[R1-ospf-1-area-0.0.0.1]network 12.1.1.1 0.0.0.0
```

在 R2 上配置：

```
[R2]ospf 1 router-id 22.1.1.1
[R2-ospf-1]area 0
[R2-ospf-1-area-0.0.0.0]network 23.1.1.2 0.0.0.0
[R2-ospf-1-area-0.0.0.0]quit
[R2-ospf-1]area 1
[R2-ospf-1-area-0.0.0.1]network 12.1.1.2 0.0.0.0
[R2-ospf-1-area-0.0.0.1]network 22.1.1.1 0.0.0.0
```

在 R3 上配置：

```
[R3]ospf 1 router-id 33.1.1.1
[R3-ospf-1]area 0
[R3-ospf-1-area-0.0.0.0]network 23.1.1.3 0.0.0.0
[R3-ospf-1-area-0.0.0.0]quit
[R3-ospf-1]area 2
[R3-ospf-1-area-0.0.0.2]network 34.1.1.3 0.0.0.0
[R3-ospf-1-area-0.0.0.2]network 33.1.1.1 0.0.0.0
```

在 R4 上配置：

```
[R4]ospf 1 router-id 44.1.1.1
[R4-ospf-1]area 2
[R4-ospf-1-area-0.0.0.2]network 34.1.1.4 0.0.0.0
[R4-ospf-1-area-0.0.0.2]network 44.1.1.1 0.0.0.0
```

(3) 修改 OSPF 的参考带宽值。

```
[R1-ospf-1]bandwidth-reference 1000
[R2-ospf-1]bandwidth-reference 1000
[R3-ospf-1]bandwidth-reference 1000
[R4-ospf-1]bandwidth-reference 1000
```

(4) 配置路由并重新分配。

① 在 R4 的 LoopBack1 上创建几条直连的路由。

```
[R4]interface LoopBack 1
[R4-LoopBack1]ip address 44.1.0.1 255.255.255.0 sub
[R4-LoopBack1]ip address 44.1.2.1 255.255.255.0 sub
[R4-LoopBack1]ip address 44.1.3.1 255.255.255.0 sub
```

② 将上述直连的路由重新分配给 OSPF。

```
[R4]osfp 1
[R4-ospf-1]import-route direct
[R4-ospf-1]
<R4>save
```

(5) 配置 OSPF 路由汇总。

① 进行区域间的汇总，先在 R3 上创建几条直连路由，然后通告进入 OSPF。

```
[R3]interface LoopBack 1
[R3-LoopBack1]ip address 33.1.2.1 255.255.255.0 sub
[R3-LoopBack1]ip address 33.1.0.1 255.255.255.0 sub
[R3-LoopBack1]ip address 33.1.3.1 255.255.255.0 sub
[R3-LoopBack1]ospf enable 1 area 2                //华为也支持端口下的宣告
```

② 汇总 R3 的 LoopBack1 上的 4 条路由，由于这 4 条路由均被通告进入 OSPF 的区域 2，因此汇总也要在 area 2 中进行。

```
[R3]ospf 1
[R3-ospf-1]area 2
[R3-ospf-1-area-0.0.0.2]abr-summary 33.1.0.0 255.255.252.0
[R3-ospf-1-area-0.0.0.2]
<R3>save
```

③ 汇总 R4 上的几条外部路由(需在 ASBR 上完成)。

```
<R4>sys
[R4]ospf 1
[R4-ospf-1]asbr-summary 44.1.0.0 255.255.252.0
[R4-ospf-1]
```

(6) 在 OSPF 中产生一条默认路由。

```
[R4]ospf 1
[R4-ospf-1]default-route-advertise always
[R4-ospf-1]
<R4>save
```

完成后在 R1 上查看路由信息，如图 8-2 所示。

```
[R1]display ip routing protocol ospf
Route Flags: R - relay, D - download to fib
------------------------------------------------------------------------------
Public routing table : OSPF
         Destinations : 7        Routes : 7

OSPF routing table status : <Active>
         Destinations : 7        Routes : 7

Destination/Mask    Proto   Pre  Cost      Flags NextHop         Interface

        0.0.0.0/0   O_ASE   150  1           D   12.1.1.2        Ethernet0/0/0
      22.1.1.1/32   OSPF    10   1           D   12.1.1.2        Ethernet0/0/0
      23.1.1.0/24   OSPF    10   2           D   12.1.1.2        Ethernet0/0/0
      33.1.0.0/22   OSPF    10   2           D   12.1.1.2        Ethernet0/0/0
      34.1.1.0/24   OSPF    10   3           D   12.1.1.2        Ethernet0/0/0
      44.1.0.0/22   O_ASE   150  2           D   12.1.1.2        Ethernet0/0/0
      44.1.1.1/32   OSPF    10   3           D   12.1.1.2        Ethernet0/0/0

OSPF routing table status : <Inactive>
         Destinations : 0        Routes : 0
```

图 8-2　在 R1 上查看路由信息

(7) 修改 OSPF 路由优先级。

华为设备默认的内部 OSPF 路由优先级为 10，外部 OSPF 路由优先级为 150，这些值是可以修改的。

```
[R1]ospf 1
[R1-ospf-1]preference 20                //修改内部 OSPF 路由优先级为 20
[R1-ospf-1]preference ase 50            //修改外部 OSPF 路由优先级为 50
[R1-ospf-1]
<R1>save
```

之后在 R1 上查看路由表，结果如图 8-3 所示。

```
[R1]display ip routing protocol ospf
Route Flags: R - relay, D - download to fib
------------------------------------------------------------------------------
Public routing table : OSPF
         Destinations : 7          Routes : 7

OSPF routing table status : <Active>
         Destinations : 7          Routes : 7

Destination/Mask    Proto   Pre  Cost      Flags NextHop         Interface

        0.0.0.0/0   O_ASE   50   1           D   12.1.1.2        Ethernet0/0/0
      22.1.1.1/32   OSPF    20   10          D   12.1.1.2        Ethernet0/0/0
      23.1.1.0/24   OSPF    20   20          D   12.1.1.2        Ethernet0/0/0
      33.1.0.0/22   OSPF    20   20          D   12.1.1.2        Ethernet0/0/0
      34.1.1.0/24   OSPF    20   30          D   12.1.1.2        Ethernet0/0/0
      44.1.0.0/22   O_ASE   50   2           D   12.1.1.2        Ethernet0/0/0
      44.1.1.1/32   OSPF    20   30          D   12.1.1.2        Ethernet0/0/0

OSPF routing table status : <Inactive>
         Destinations : 0          Routes : 0
```

图 8-3　在 R1 上查看路由表

3. 任务评价

(1) 下载任务 8 参考答案包。

(2) 解压任务 8 参考答案包。

(3) 重新启动 eNSP，依次选择“菜单”→“考试”→“阅卷”。在弹出的“阅卷”对话框中， 在“标准答案文件路径”文本框中选择下载的“参考答案”文件夹中的文件，在“学生答案保存路径”文本框中选择交卷时的位置，再单击“阅卷”按钮，如图 0-9 所示，在弹出的对话框中选择“是”，即可看到阅卷结果。

4. 拓展知识

扫描下面的二维码即可在手机上阅读拓展知识。

任务 9　配置 OSPF 的 stub、NSSA 区域及区域间路由过滤

任务拓扑

任务 9 拓扑如图 9-1 所示。

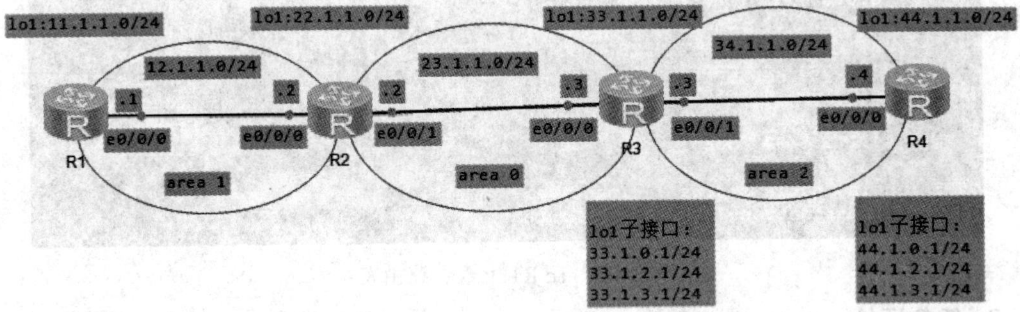

图 9-1　任务 9 拓扑

任务要求

说明：本任务在任务 8 的基础上进行。

(1) 在 R1 上查看 OSPF 路由表。

(2) 在 R1 的 area 1 配置 Stub 区域，在 R2 的 area 1 配置完全末节区域。

(3) 在 R4 的 area 2 配置 NSSA 区域，在 R3 的 area 2 配置完全末节区域。

(4) 在 R2 上过滤掉 R1 的环回接口路由，使 R3 不能再学习 R1 的环回接口路由(执行标准 ACL，标号为 2000)。

(5) 在 R3 上查看路由表。

(6) 在 R1 上产生另一条路由“LoopBack 0：11.1.2.1/24”。

(7) 在 R3 上查看路由表。

任务目标

(1) 掌握多区域 OSPF 的配置方法；
(2) 掌握 OSPF 区域之间路由汇总的配置方法；
(3) 掌握 OSPF 参考带宽的配置方法；
(4) 掌握 OSPF 引入外部路由的配置方法；
(5) 掌握 OSPF 引入外部路由时进行路由汇总的方法；
(6) 掌握向 OSPF 导入缺省路由的方法；
(7) 掌握修改 OSPF 中各类路由管理距离的方法。

相关知识

(1) 末梢区域：只有一个区域相连的非骨干区域，不接受外部自治系统的 LSA(链路状态广播，类型 5)，路由器会把去往外部的信息采用缺省路由 0.0.0.0 发送出去。

(2) 完全末梢区域：一种更加经济的末梢区域，不接受类型 3、4、5 的 LSA，路由器也会把去往外部的信息采用缺省路由 0.0.0.0 发送出去。

(3) OSPF Stub 区域：它是一个末梢区域。当一个 OSPF 区域处于整个自治系统边界而又不含其他路由协议时，就可以配置 OSPF Stub 区域。

当配置 OSPF Stub 区域后，Stub 区域中的路由器会增加一条至 ABR(Area Border Router，区域边界路由器)的默认路由条目，当在 ABR 上配置了完全末梢区域后，末梢区域的其他路由器的路由条目除了直连的路由条目外，只有一条到达 ABR 的路由条目默认路由，不会学习其他区域的路由条目，发送至其他区域的数据包通过 ABR 转发。这样不但减少了末梢区域其他路由器的路由条目和路由传递的数量，还提高了路由器的性能。

(4) NSSA 区域：OSPF 路由协议是目前因特网中应用最为广泛一种 IGP，而 NSSA 则是在该协议发展过程中产生的一种新的属性，它的英文全称是“Not-So-Stubby Area”。在 NSSA 区域内的所有路由器必须支持该属性(包括 NSSA 的 ABR)，而自治系统中的其他路由器则不需要。

操作步骤

1. 任务准备

(1) 下载任务 9 原件包。
(2) 解压任务 9 原件包。
(3) 双击“任务 9 配置 OSPF 的 Stub、NSSA 区域及区域间路由过滤.paper”，启动任务。

2. 任务操作

说明：在任务 8 的配置基础上继续进行配置。
(1) 在 R1 与 R2 的 area 1 配置 Stub 区域，以减少外部路由的条目。

① 配置前先查看 R1 路由表，如图 9-2 所示。

```
[R1]display ip routing protocol ospf
Route Flags: R - relay, D - download to fib
------------------------------------------------------------------------------
Public routing table : OSPF
         Destinations : 7        Routes : 7

OSPF routing table status : <Active>
         Destinations : 7        Routes : 7

Destination/Mask    Proto   Pre  Cost      Flags NextHop         Interface

        0.0.0.0/0   O_ASE   50   1           D   12.1.1.2        Ethernet0/0/0
      22.1.1.1/32   OSPF    20   10          D   12.1.1.2        Ethernet0/0/0
      23.1.1.0/24   OSPF    20   20          D   12.1.1.2        Ethernet0/0/0
      33.1.0.0/22   OSPF    20   20          D   12.1.1.2        Ethernet0/0/0
      34.1.1.0/24   OSPF    20   30          D   12.1.1.2        Ethernet0/0/0
      44.1.0.0/22   O_ASE   50   2           D   12.1.1.2        Ethernet0/0/0
      44.1.1.1/32   OSPF    20   30          D   12.1.1.2        Ethernet0/0/0

OSPF routing table status : <Inactive>
         Destinations : 0        Routes : 0
```

图 9-2　查看 R1 路由表

配置 R1：

```
[R1]ospf 1
[R1-ospf-1]area 1
[R1-ospf-1-area-0.0.0.1]stub
[R1-ospf-1-area-0.0.0.1]                  //按 Ctrl+Z
<R1>save
```

配置 R2：

```
[R2]ospf 1
[R2-ospf-1]area 1
[R2-ospf-1-area-0.0.0.1]stub
[R2-ospf-1-area-0.0.0.1]                  //按 Ctrl+Z
<R2>save
```

② 配置完成后再查看 R1 路由表，如图 9-3 所示。

```
[R1]display ip routing protocol ospf
Route Flags: R - relay, D - download to fib
------------------------------------------------------------------------------
Public routing table : OSPF
         Destinations : 6        Routes : 6

OSPF routing table status : <Active>
         Destinations : 6        Routes : 6

Destination/Mask    Proto   Pre  Cost      Flags NextHop         Interface

        0.0.0.0/0   OSPF    20   11          D   12.1.1.2        Ethernet0/0/0
      22.1.1.1/32   OSPF    20   10          D   12.1.1.2        Ethernet0/0/0
      23.1.1.0/24   OSPF    20   20          D   12.1.1.2        Ethernet0/0/0
      33.1.0.0/22   OSPF    20   20          D   12.1.1.2        Ethernet0/0/0
      34.1.1.0/24   OSPF    20   30          D   12.1.1.2        Ethernet0/0/0
      44.1.1.1/32   OSPF    20   30          D   12.1.1.2        Ethernet0/0/0

OSPF routing table status : <Inactive>
         Destinations : 0        Routes : 0
```

图 9-3　再查看 R1 路由表

③ 比较配置前后的路由表(图 9-2、图 9-3)，可以看出，配置后再也没有外部路由条目了。

④ 在 ABR 上配置完全末节区域，以最大限度减少 R1 的路由表：

[R2]ospf 1

[R2-ospf-1]area 1

[R2-ospf-1-area-0.0.0.1]stub no-summary

[R2-ospf-1-area-0.0.0.1]　　　　//按 Ctrl+Z

<R2>save

⑤ 再次查看 R1 路由表，如图 9-4 所示。

```
[R1]display ip routing protocol ospf
Route Flags: R - relay, D - download to fib
------------------------------------------------------------------------------
Public routing table : OSPF
         Destinations : 2          Routes : 2

OSPF routing table status : <Active>
         Destinations : 2          Routes : 2

Destination/Mask    Proto   Pre  Cost       Flags NextHop         Interface

        0.0.0.0/0   OSPF    20   11           D   12.1.1.2        Ethernet0/0/0
      22.1.1.1/32   OSPF    20   10           D   12.1.1.2        Ethernet0/0/0

OSPF routing table status : <Inactive>
         Destinations : 0          Routes : 0
```

图 9-4　再次查看 R1 路由表

(2) 配置 R4 的 area 2 为 NSSA 区域。

① 配置前先查看 R4 路由表，如图 9-5 所示。

```
[R4]display ip routing protocol ospf
Route Flags: R - relay, D - download to fib
------------------------------------------------------------------------------
Public routing table : OSPF
         Destinations : 8          Routes : 8

OSPF routing table status : <Active>
         Destinations : 8          Routes : 8

Destination/Mask    Proto   Pre  Cost       Flags NextHop         Interface

      11.1.1.1/32   OSPF    10   30           D   34.1.1.3        Ethernet0/0/0
      12.1.1.0/24   OSPF    10   30           D   34.1.1.3        Ethernet0/0/0
      22.1.1.1/32   OSPF    10   20           D   34.1.1.3        Ethernet0/0/0
      23.1.1.0/24   OSPF    10   20           D   34.1.1.3        Ethernet0/0/0
      33.1.0.1/32   OSPF    10   10           D   34.1.1.3        Ethernet0/0/0
      33.1.1.1/32   OSPF    10   10           D   34.1.1.3        Ethernet0/0/0
      33.1.2.1/32   OSPF    10   10           D   34.1.1.3        Ethernet0/0/0
      33.1.3.1/32   OSPF    10   10           D   34.1.1.3        Ethernet0/0/0

OSPF routing table status : <Inactive>
         Destinations : 0          Routes : 0
```

图 9-5　查看 R4 路由表

接下来，在 R3 上配置：

[R3]ospf 1

[R3-ospf-1]area 2

[R3-ospf-1-area-0.0.0.2]nssa

[R3-ospf-1-area-0.0.0.2]　　　　//按 Ctrl+Z

<R3>save

在 R4 上配置：

[R4]ospf 1

[R4-ospf-1]area 2

[R4-ospf-1-area-0.0.0.2]nssa

[R4-ospf-1-area-0.0.0.2]　　　　//按 Ctrl+Z

<R4>save

② 再次查看 R4 路由表，如图 9-6 所示。

```
[R4]display ip routing protocol ospf
Route Flags: R - relay, D - download to fib
------------------------------------------------------------------------------
Public routing table : OSPF
         Destinations : 9        Routes : 9

OSPF routing table status : <Active>
         Destinations : 9        Routes : 9

Destination/Mask    Proto   Pre  Cost      Flags NextHop         Interface

        0.0.0.0/0   O_NSSA  150  1           D   34.1.1.3        Ethernet0/0/0
       11.1.1.1/32  OSPF    10   30          D   34.1.1.3        Ethernet0/0/0
       12.1.1.0/24  OSPF    10   30          D   34.1.1.3        Ethernet0/0/0
       22.1.1.1/32  OSPF    10   20          D   34.1.1.3        Ethernet0/0/0
       23.1.1.0/24  OSPF    10   20          D   34.1.1.3        Ethernet0/0/0
       33.1.0.1/32  OSPF    10   10          D   34.1.1.3        Ethernet0/0/0
       33.1.1.1/32  OSPF    10   10          D   34.1.1.3        Ethernet0/0/0
       33.1.2.1/32  OSPF    10   10          D   34.1.1.3        Ethernet0/0/0
       33.1.3.1/32  OSPF    10   10          D   34.1.1.3        Ethernet0/0/0

OSPF routing table status : <Inactive>
         Destinations : 0        Routes : 0
```

图 9-6　再次查看 R4 路由表

③ 从图 9-6 可知，看不到区域外的路由，但路由条目仍有很多。

④ 在 ABR 上配置完全末节区域：

[R3]ospf 1

[R3-ospf-1]area 2

[R3-ospf-1-area-0.0.0.2]nssa no-summary

[R3-ospf-1-area-0.0.0.2]　　　　//按 Ctrl+Z

<R3>save

⑤ 再次查看 R4 路由表，如图 9-7 所示。

```
[R4]display ip routing protocol ospf
Route Flags: R - relay, D - download to fib
------------------------------------------------------------------------------
Public routing table : OSPF
         Destinations : 5        Routes : 5

OSPF routing table status : <Active>
         Destinations : 5        Routes : 5

Destination/Mask    Proto   Pre  Cost      Flags NextHop         Interface

      0.0.0.0/0     OSPF    10   11          D   34.1.1.3        Ethernet0/0/0
    33.1.0.1/32     OSPF    10   10          D   34.1.1.3        Ethernet0/0/0
    33.1.1.1/32     OSPF    10   10          D   34.1.1.3        Ethernet0/0/0
    33.1.2.1/32     OSPF    10   10          D   34.1.1.3        Ethernet0/0/0
    33.1.3.1/32     OSPF    10   10          D   34.1.1.3        Ethernet0/0/0

OSPF routing table status : <Inactive>
         Destinations : 0        Routes : 0
```

图 9-7　在 R4 上查看路由表

NSSA 区域保留了 Stub 区域的特点，尽管不接收外部的路由，但是在本区域却可以引入外部的路由。

(3) 配置区域间的路由过滤。

① 在 R2 上过滤掉 R1 的环回接口路由，使 R3 不能再学习 R1 的环回接口路由。

② 设置 ACL 以拒绝掉不需要的路由。

```
[R2]acl number 2000                                         //配置标准 ACL
[R2-acl-basic-2000]rule deny source 11.1.1.0 0.0.0.255      //拒绝掉不需要的路由
[R2-acl-basic-2000]rule permit

[R2]ospf 1
[R2-ospf-1]area 1
[R2-ospf-1-area-0.0.0.1]filter 2000 export                  //应用 area 1 的 out 方向
[R2-ospf-1-area-0.0.0.1]
<R2>save
```

③ 再次查看 R3 的路由表，如图 9-8 所示。

```
[R3]display ip routing protocol ospf
Route Flags: R - relay, D - download to fib
------------------------------------------------------------------------------
Public routing table : OSPF
         Destinations : 4        Routes : 4

OSPF routing table status : <Active>
         Destinations : 4        Routes : 4

Destination/Mask    Proto   Pre  Cost      Flags NextHop         Interface

    12.1.1.0/24     OSPF    10   20          D   23.1.1.2        Ethernet0/0/0
    22.1.1.1/32     OSPF    10   10          D   23.1.1.2        Ethernet0/0/0
    44.1.0.0/22     O_NSSA  150  2           D   34.1.1.4        Ethernet0/0/1
    44.1.1.1/32     OSPF    10   10          D   34.1.1.4        Ethernet0/0/1

OSPF routing table status : <Inactive>
         Destinations : 0        Routes : 0
```

图 9-8　查看 R3 的路由表

由图 9-8 可以看出，R3 再也没有收到 11.1.1.0/24 这条路由了。

④ 在 R1 上创建另一条路由，测试是否会被拒绝。

```
[R1]interface LoopBack 0
[R1-LoopBack0]ip address 11.1.2.1 255.255.255.0
[R1-LoopBack0]ospf enable 1 area 1
[R1-LoopBack0]
<R1>save
```

⑤ 再次查看 R3 路由表，如图 9-9 所示。

```
[R3]display ip routing protocol ospf
Route Flags: R - relay, D - download to fib
------------------------------------------------------------------------------
Public routing table : OSPF
         Destinations : 5        Routes : 5

OSPF routing table status : <Active>
         Destinations : 5        Routes : 5

Destination/Mask    Proto   Pre  Cost      Flags NextHop         Interface

      11.1.2.1/32  OSPF    10   20          D   23.1.1.2        Ethernet0/0/0
      12.1.1.0/24  OSPF    10   20          D   23.1.1.2        Ethernet0/0/0
      22.1.1.1/32  OSPF    10   10          D   23.1.1.2        Ethernet0/0/0
      44.1.0.0/22  O_NSSA  150  2           D   34.1.1.4        Ethernet0/0/1
      44.1.1.1/32  OSPF    10   10          D   34.1.1.4        Ethernet0/0/1

OSPF routing table status : <Inactive>
         Destinations : 0        Routes : 0
```

图 9-9　再次查看 R3 路由表

由图 9-9 可以看出，能够正常学习 R1 上的其他路由，并且只过滤掉了指定的路由。

3. 任务评价

(1) 下载任务 9 参考答案包。

(2) 解压任务 9 参考答案包。

(3) 重新启动 eNSP，依次选择“菜单”→“考试”→“阅卷”。在弹出的“阅卷”对话框中，在“标准答案文件路径”文本框中选择下载的“参考答案”文件夹中的文件，在“学生答案保存路径”文本框中选择交卷时的位置，再单击“阅卷”按钮，如图 0-9 所示，在弹出的对话框中选择“是”，即可看到阅卷结果。

4. 拓展知识

扫描下面的二维码即可在手机上阅读拓展知识。

任务 10　配置 OSPF 的虚链路

任务拓扑

任务 10 拓扑如图 10-1 所示。

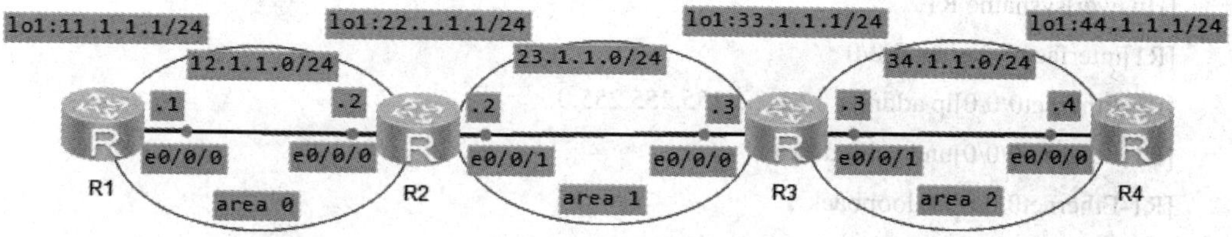

图 10-1　任务 10 拓扑

任务要求

(1) 按拓扑图配置 IP 地址及 OSPF 区域：
area 0：22.1.1.1；area 1：33.1.1.1；area 2：44.1.1.1
(2) 在 R2、R3 上查看邻居关系，查看 R1、R4 路由表。
(3) 在 area 1 的 R2 与 R3 之间建立一条虚链路。
(4) 查看 R1、R4 路由表，与任务要求(2)比较，再到 R4 上查看 LSDB。

任务目标

利用虚链路将远离的普通区域连接到骨干区域。

相关知识

虚链路是指在两台 ABR 之间穿过一个非骨干区域(转换区域，Transit Area)，建立的一条逻辑上的连接通道，可以理解为两台 ABR 之间存在一个点对点的连接。

逻辑通道是指两台 ABR 之间的多台运行 OSPF 的路由器只是起到一个转发报文的作用(由于协议报文的目的地址不是这些路由器，所以这些报文对于它们是透明的，只是当作普通的 IP 报文来转发)，两台 ABR 之间直接传递路由信息。

操作步骤

1. 任务准备

(1) 下载任务 10 原件包。

(2) 解压任务 10 原件包。

(3) 双击“任务 10 配置 OSPF 的虚链路.paper”，启动任务。

2. 任务操作

(1) 按拓扑图配置 IP 地址及 OSPF 区域。

配置 R1：

```
<Huawei>system-view
[Huawei]sysname R1
[R1]interface Ethernet 0/0/0
[R1-Ethernet0/0/0]ip address 12.1.1.1 255.255.255.0
[R1-Ethernet0/0/0]undo shutdown
[R1-Ethernet0/0/0]int loopback 1
[R1-LoopBack1]ip address 11.1.1.1 255.255.255.0
[R1-LoopBack1]quit
[R1]ospf 1 router-id 11.1.1.1
[R1-ospf-1]area 0
[R1-ospf-1-area-0.0.0.0]network 12.1.1.1 0.0.0.0
[R1-ospf-1-area-0.0.0.0]network 11.1.1.1 0.0.0.0
[R1-ospf-1-area-0.0.0.0]                        //按 Ctrl+Z
<R1>save
```

配置 R2：

```
<Huawei>system-view
[Huawei]sysname R2
[R2]interface Ethernet 0/0/0
[R2-Ethernet0/0/0]ip address 12.1.1.2 255.255.255.0
[R2-Ethernet0/0/0]undo shutdown
[R2-Ethernet0/0/0]int e0/0/1
[R2-Ethernet0/0/1]ip address 23.1.1.2 255.255.255.0
[R2-Ethernet0/0/1]undo shutdown
[R2-Ethernet0/0/0]int loopback 1
[R2-LoopBack1]ip address 22.1.1.1 255.255.255.0
[R2-LoopBack1]quit
[R2]ospf 1 router-id 22.1.1.1
```

```
[R2-ospf-1]area 0
[R2-ospf-1-area-0.0.0.0]network 12.1.1.2 0.0.0.0
[R2-ospf-1-area-0.0.0.0]network 22.1.1.1 0.0.0.0
[R2-ospf-1-area-0.0.0.0]quit
[R2-ospf-1]area 1
[R2-ospf-1-area-0.0.0.1]network 23.1.1.2 0.0.0.0
[R2-ospf-1-area-0.0.0.1]                    //按 Ctrl+Z
<R2>save
```

配置 R3：

```
<Huawei>system-view
[Huawei]sysname R3
[R3]interface Ethernet 0/0/0
[R3-Ethernet0/0/0]ip address 23.1.1.3 255.255.255.0
[R3-Ethernet0/0/0]undo shutdown
[R3-Ethernet0/0/0]int e0/0/1
[R3-Ethernet0/0/1]ip address 34.1.1.3 255.255.255.0
[R3-Ethernet0/0/1]undo shutdown
[R3-Ethernet0/0/0]int loopback 1
[R3-LoopBack1]ip address 33.1.1.1 255.255.255.0
[R3-LoopBack1]quit
[R3]ospf 1 router-id 33.1.1.1
[R3-ospf-1]area 1
[R3-ospf-1-area-0.0.0.1]network 23.1.1.3 0.0.0.0
[R3-ospf-1-area-0.0.0.1]network 33.1.1.1 0.0.0.0
[R3-ospf-1-area-0.0.0.1]quit
[R3-ospf-1]area 2
[R3-ospf-1-area-0.0.0.2]network 34.1.1.3 0.0.0.0
[R3-ospf-1-area-0.0.0.2]                    //按 Ctrl+Z
<R3>save
```

配置 R4：

```
<Huawei>system-view
[Huawei]sysname R4
[R4]interface Ethernet 0/0/0
[R4-Ethernet0/0/0]ip address 34.1.1.4 255.255.255.0
[R4-Ethernet0/0/0]undo shutdown
[R4-Ethernet0/0/0]int loopback 1
[R4-LoopBack1]ip address 44.1.1.1 255.255.255.0
[R4-LoopBack1]quit
[R4]ospf 1 router-id 44.1.1.1
```

```
[R4-ospf-1]area 2
[R4-ospf-1-area-0.0.0.2]network 34.1.1.4 0.0.0.0
[R4-ospf-1-area-0.0.0.2]network 44.1.1.1 0.0.0.0
[R4-ospf-1-area-0.0.0.2]                        //按 Ctrl+Z
<R4>save
```

area 2 没有与 area 0 相连接，也就是说 area 2 没有 ABR。R3 虽然连接了 area 1，也连接了 area 2，但是由于 R3 不是 ABR，因此并不会把区域间学习到的路由引入到另一个区域。通过实现可验证：R2 的环回接口在 area 0，R3 的环回接口在 area 1。

(2) 查看邻居关系。

① 在 R2 上查看邻居关系，如图 10-2 所示。

```
<R2>display ospf peer brief

      OSPF Process 1 with Router ID 22.1.1.1
             Peer Statistic Information
-----------------------------------------------------------------------------
Area Id          Interface                   Neighbor id       State
0.0.0.0          Ethernet0/0/0               11.1.1.1          Full
0.0.0.1          Ethernet0/0/1               33.1.1.1          Full
-----------------------------------------------------------------------------
```

图 10-2　在 R2 上查看邻居关系

② 在 R3 上查看邻居关系，如图 10-3 所示。

```
<R3>display ospf peer brief

      OSPF Process 1 with Router ID 33.1.1.1
             Peer Statistic Information
-----------------------------------------------------------------------------
Area Id          Interface                   Neighbor id       State
0.0.0.1          Ethernet0/0/0               22.1.1.1          Full
0.0.0.2          Ethernet0/0/1               44.1.1.1          Full
-----------------------------------------------------------------------------
```

图 10-3　在 R3 上查看邻居关系

由图 10-2、图 10-3 可以看出，所有路由器的邻居关系已经正常。

③ 分别到 R1 与 R4 上查看路由表，如图 10-4、图 10-5 所示。

```
<R1>display ip  routing protocol ospf
Route Flags: R - relay, D - download to fib
------------------------------------------------------------------------------
Public routing table : OSPF
        Destinations : 3        Routes : 3

OSPF routing table status : <Active>
        Destinations : 3        Routes : 3

Destination/Mask    Proto   Pre  Cost      Flags NextHop         Interface

      22.1.1.1/32   OSPF    10   1           D   12.1.1.2        Ethernet0/0/0
      23.1.1.0/24   OSPF    10   2           D   12.1.1.2        Ethernet0/0/0
      33.1.1.1/32   OSPF    10   2           D   12.1.1.2        Ethernet0/0/0

OSPF routing table status : <Inactive>
        Destinations : 0        Routes : 0
```

图 10-4　在 R1 上查看路由表

```
<R4>display ip routing protocol ospf
<R4>
```

图 10-5　在 R4 上查看路由表

由图 10-4 可知 R1 并没有学习到 R4 的路由。由图 10-5 可知，R4 没有学习到任何路由器的路由。

如上所述，由于 R3 不是 ABR，它不会把从 area 2 学习到的 R4 路由通告给 area 1，也不会把从 area 1 学习到的路由通告 area 2。这就需要在 area 1 的 R2 与 R3 之间建立一条虚链路。

(3) 在 area 1 的 R2 与 R3 之间建立一条虚链路。

在 R2 上配置：

```
[R2]ospf 1
[R2-ospf-1]area 1
[R2-ospf-1-area-0.0.0.1]vlink-pccr 33.1.1.1
[R2-ospf-1-area-0.0.0.1]
<R2>save
```

注意：命令后指定的不是一个 IP 地址，而是对方路由器的 Router ID，所以一个路由器的 Router ID 不能随意变动。

在 R3 上配置：

```
[R3]ospf 1
[R3-ospf-1]area 1
[R3-ospf-1-area-0.0.0.1]vlink-peer 22.1.1.1
[R3-ospf-1-area-0.0.0.1]
<R3>save
```

查看虚链路的状态是否为 Up，如图 10-6 所示。

```
[R2]display ospf vlink

      OSPF Process 1 with Router ID 22.1.1.1
            Virtual Links

 Virtual-link Neighbor-id  -> 33.1.1.1, Neighbor-State: Full

 Interface: 23.1.1.2 (Ethernet0/0/1)
 Cost: 1  State: P-2-P  Type: Virtual
 Transit Area: 0.0.0.1
 Timers: Hello 10 , Dead 40 , Retransmit 5 , Transmit Delay 1
```

图 10-6　查看虚链路状态

图 10-6 表示这条虚链路已经建立成功了。

查看 R1 和 R4 的路由表，如图 10-7、图 10-8 所示。

```
<R1>display ip routing protocol ospf
Route Flags: R - relay, D - download to fib
------------------------------------------------------------------------------
Public routing table : OSPF
         Destinations : 5        Routes : 5

OSPF routing table status : <Active>
         Destinations : 5        Routes : 5

Destination/Mask    Proto   Pre  Cost      Flags NextHop         Interface

       22.1.1.1/32  OSPF    10   1           D   12.1.1.2        Ethernet0/0/0
       23.1.1.0/24  OSPF    10   2           D   12.1.1.2        Ethernet0/0/0
       33.1.1.1/32  OSPF    10   2           D   12.1.1.2        Ethernet0/0/0
       34.1.1.0/24  OSPF    10   3           D   12.1.1.2        Ethernet0/0/0
       44.1.1.1/32  OSPF    10   3           D   12.1.1.2        Ethernet0/0/0

OSPF routing table status : <Inactive>
         Destinations : 0        Routes : 0
```

图 10-7　查看 R1 的路由表

```
[R4]display ip routing protocol ospf
Route Flags: R - relay, D - download to fib
------------------------------------------------------------------------------
Public routing table : OSPF
         Destinations : 5        Routes : 5

OSPF routing table status : <Active>
         Destinations : 5        Routes : 5

Destination/Mask    Proto   Pre  Cost      Flags NextHop         Interface

       11.1.1.1/32  OSPF    10   3           D   34.1.1.3        Ethernet0/0/0
       12.1.1.0/24  OSPF    10   3           D   34.1.1.3        Ethernet0/0/0
       22.1.1.1/32  OSPF    10   2           D   34.1.1.3        Ethernet0/0/0
       23.1.1.0/24  OSPF    10   2           D   34.1.1.3        Ethernet0/0/0
       33.1.1.1/32  OSPF    10   1           D   34.1.1.3        Ethernet0/0/0

OSPF routing table status : <Inactive>
         Destinations : 0        Routes : 0
```

图 10-8　查看 R4 的路由表

再次查看 R4 的 LSDB，如图 10-9 所示。

```
[R4]display ospf lsdb

       OSPF Process 1 with Router ID 44.1.1.1
               Link State Database

                     Area: 0.0.0.2
 Type      LinkState ID    AdvRouter          Age  Len   Sequence   Metric
 Router    44.1.1.1        44.1.1.1           693  48    80000004       1
 Router    33.1.1.1        33.1.1.1           314  36    80000006       1
 Network   34.1.1.3        33.1.1.1           710  32    80000002       0
 Sum-Net   12.1.1.0        33.1.1.1           314  28    80000001       2
 Sum-Net   23.1.1.0        33.1.1.1           314  28    80000001       1
 Sum-Net   11.1.1.1        33.1.1.1           314  28    80000001       2
 Sum-Net   22.1.1.1        33.1.1.1           314  28    80000001       1
 Sum-Net   33.1.1.1        33.1.1.1           314  28    80000001       0
```

图 10-9　查看 R4 的 LSDB

图10-9表示R3作为Area2的ABR，将所有区域间的路由通告给了R4。

注意：在不连续的区域0也会出现同样的问题，故需要利用虚链路来解决。

3. 任务评价

(1) 下载任务10参考答案包。

(2) 解压任务10参考答案包。

(3) 重新启动eNSP，依次选择“菜单”→“考试”→“阅卷”。在弹出的“阅卷”对话框中，在“标准答案文件路径”文本框中选择下载的“参考答案”文件夹中的文件，在“学生答案保存路径”文本框中选择交卷时的位置，再单击“阅卷”按钮，如图0-9所示，在弹出的对话框中选择“是”，即可看到阅卷结果。

4. 拓展知识

扫描下面的二维码即可在手机上阅读拓展知识。

任务 11　在 FR 环境中配置 OSPF

任务拓扑

任务 11 拓扑如图 11-1 所示。

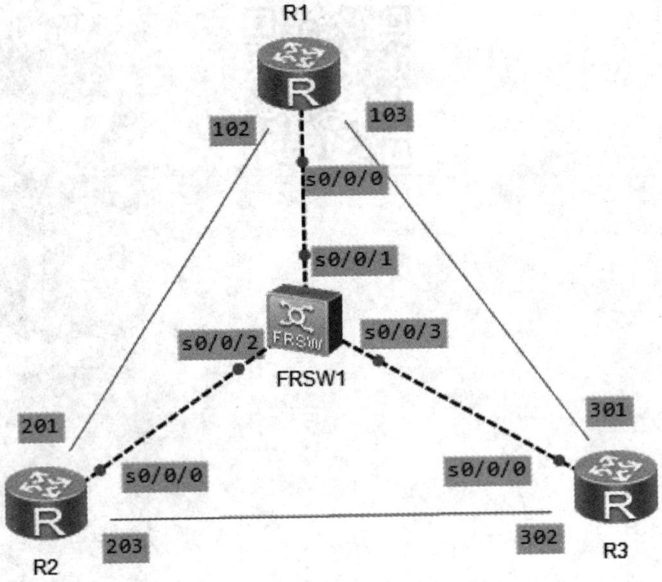

图 11-1　任务 11 拓扑

任务要求

(1) 按拓扑图配置各路由器，其中：

R1：s0/0/0；IP 地址：123.1.1.1/24；LoopBack 1：11.1.1.1/24；

R2：s0/0/0；IP 地址：123.1.1.2/24；LoopBack 1：22.1.1.1/24；

R3：s0/0/0；IP 地址：123.1.1.3/24；LoopBack 1：33.1.1.1/24。

(2) 按拓扑图所示的 DLCI 配置帧中继交换机。

(3) 在 R1 上检测直连网络的连通性。

(4) 配置 OSPF，全部区域为 0：

R1 的路由 ID：11.1.1.1；

R2 的路由 ID：22.1.1.1；

R3 的路由 ID：33.1.1.1。

(5) 在 R2 的 S0/0/0 上查看 OSPF 网络类型。

(6) 手动指定邻居。

(7) 修改 R2、R3 的优先级为 0。

(8) 分别在 R2、R3 上建立二层映射关系，使网络互通。

任务目标

(1) 掌握在 NBMA 中手工配置 OSPF 邻居的方法；

(2) 掌握在 NBMA 中配置 OSPF 的特点；

(3) 掌握在 FR 中设置 P2MP 型网络类型；

(4) 掌握在 FR 中建立子接口并设置 P2P 型网络类型。

相关知识

FR(Frame Relay，帧中继)：在用户-网络接口之间提供用户信息流的双向传送，并保持顺序不变的一种承载业务。帧中继是以帧为单位，在网络上传输，并将流量控制、纠错等功能，全部交由智能终端设备处理的一种新型高速网络接口技术。帧中继是综合业务数字网标准化过程中产生的一种重要技术，它是在数字光纤传输线路逐渐代替原有的模拟线路，用户终端日益智能化的情况下，由 X.25 分组交换技术发展起来的一种传输技术。帧中继和分组交换类似，但却以比分组容量大的帧为单位而不是以分组为单位进行数据传输，它在网络上的中间节点对数据不进行误码纠错。帧中继技术在保持分组交换技术的灵活及较低的费用的同时，缩短了传输时延，提高了传输速度。

NBMA(Non-Broadcast Multiple Access，非广播-多路访问网络)：OSPF 中定义的四种网络类型的其中一种。NBMA 用来描述如 X.25 和帧中继这类本身并不具有支持广播和多播能力的多路访问网络。其他 OSPF 定义的网络类型有：广播网络、点对点网络和点对多点网络。

P2MP (Point 2 Multiple Point，点对多点网络)：在一序列接收器到中心站点的发送器之间的通信。P2MP 常被设置成三个片断使之能被频繁地重利用。

IETF(The Internet Engineering Task Force，国际互联网工程任务组)：一个公开性质的大型民间国际团体，汇集了与互联网架构和互联网顺利运作相关的网络设计者、运营者、投资人和研究人员。

InARP(Inverse ARP)：通常译为反向地址解析协议。

DLCI(Data Link Connection Identifier，数据链路连接标识)：帧中继协议是一种统计复用的协议，它在单一物理传输线路上能够提供多条虚电路。每条虚电路都用 DLCI 来标识。

操作步骤

1. 任务准备

(1) 下载任务 11 原件包。

(2) 解压任务 11 原件包。

(3) 双击“任务 11 在 FR 环境中配置 OSPF.paper”，启动任务。

2. 任务操作

(1) 按拓扑图配置各路由器。

配置 R1：

```
<Huawei>system-view
[Huawei]sysname R1
[R1]interface Serial 0/0/0
[R1-Serial0/0/0]link-protocol fr ietf                    //在接口封装帧中继
Warning:  The encapsulation protocol of the link will be changed.
Continue? [Y/N]: y
[R1-Serial0/0/0]undo fr inarp                            //关闭反向的 ARP
[R1-Serial0/0/0]ip add 123.1.1.1 255.255.255.0
[R1-Serial0/0/0]fr map ip 123.1.1.2 102 broadcast        //手动配置映射
[R1-Serial0/0/0]fr map ip 123.1.1.3 103 broadcast
[R1-Serial0/0/0]undo shutdown
[R1-Serial0/0/0]int loopback 1
[R1-LoopBack1]ip add 11.1.1.1 255.255.255.0
[R1-LoopBack1]                                           //按 Ctrl+Z
<R1>save
```

配置 R2：

```
<Huawei>system-view
[Huawei]sysname R2
[R2]interface Serial 0/0/0
[R2-Serial0/0/0]link-protocol fr ietf                    //在接口封装帧中继
Warning:  The encapsulation protocol of the link will be changed.
Continue? [Y/N]: y
[R2-Serial0/0/0]undo fr inarp                            //关闭反向的 ARP
[R2-Serial0/0/0]ip add 123.1.1.2 255.255.255.0
[R2-Serial0/0/0]fr map ip 123.1.1.1201 broadcast         //手动配置映射
[R2-Serial0/0/0]undo shutdown
[R2-Serial0/0/0]int loopback 1
```

```
[R2-LoopBack1]ip add 22.1.1.1 255.255.255.0
[R2-LoopBack1]                                    //按 Ctrl+Z
<R2>save
```

配置 R3：

```
<Huawei>system-view
[Huawei]sysname R3
[R3]interface Serial 0/0/0
[R3-Serial0/0/0]link-protocol fr ietf             //在接口封装帧中继
Warning:  The encapsulation protocol of the link will be changed.
Continue? [Y/N]: y
[R3-Serial0/0/0]undo fr inarp                     //关闭反向的 ARP
[R3-Serial0/0/0]ip add 123.1.1.3 255.255.255.0
[R3-Serial0/0/0]fr mapIP123.1.1.1301 broadcast    //手动配置映射
[R3-Serial0/0/0]undo shutdown
[R3-Serial0/0/0]int loopback 1
[R3-LoopBack1]ip add 33.1.1.1 255.255.255.0
[R3-LoopBack1]                                    //按 Ctrl+Z
<R3>save
```

(2) 按拓扑图所示的 DLCI 配置帧中继交换机，配置过程如图 11-2 和图 11-3 所示。

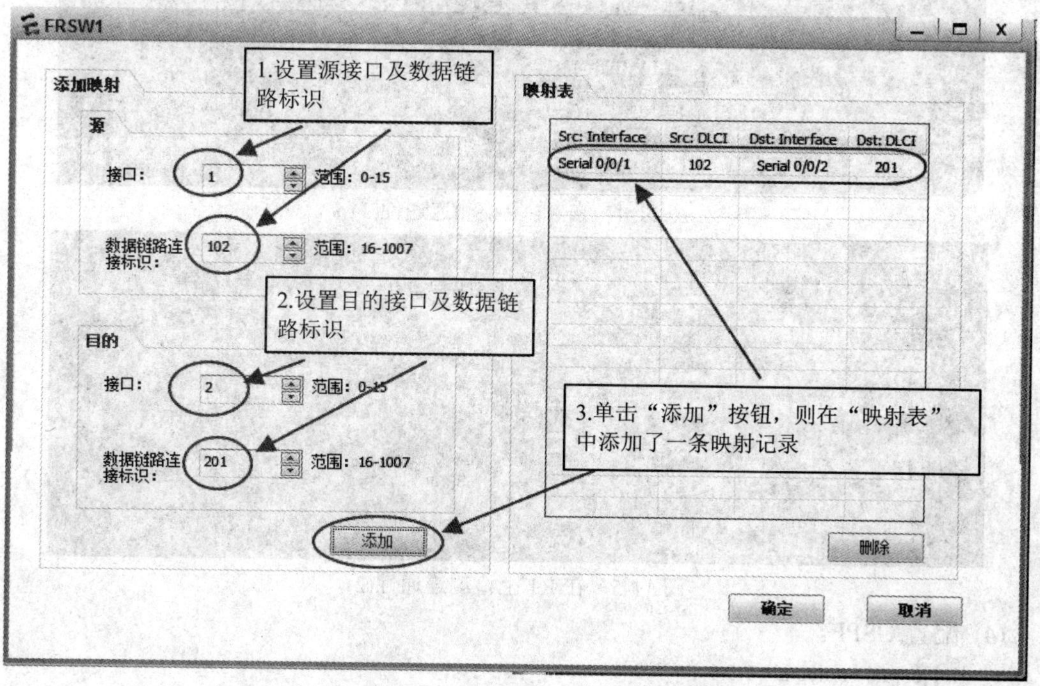

图 11-2　配置帧中继交换机(1)

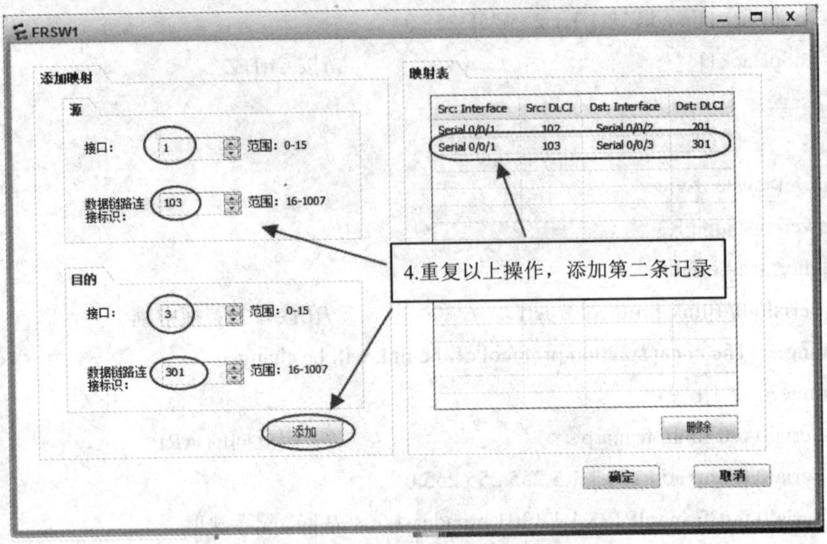

图 11-3　配置帧中继交换机(2)

配置完毕，单击“确定”按钮。

(3) 检测连通性。在 R1 上进行检测，效果如图 11-4 和图 11-5 所示。

```
[R1]ping 123.1.1.2
  PING 123.1.1.2: 56  data bytes, press CTRL_C to break
    Reply from 123.1.1.2: bytes=56 Sequence=1 ttl=255 time=50 ms
    Reply from 123.1.1.2: bytes=56 Sequence=2 ttl=255 time=60 ms
    Reply from 123.1.1.2: bytes=56 Sequence=3 ttl=255 time=30 ms
    Reply from 123.1.1.2: bytes=56 Sequence=4 ttl=255 time=30 ms
    Reply from 123.1.1.2: bytes=56 Sequence=5 ttl=255 time=40 ms

  --- 123.1.1.2 ping statistics ---
    5 packet(s) transmitted
    5 packet(s) received
    0.00% packet loss
    round-trip min/avg/max = 30/42/60 ms
```

图 11-4　在 R1 上检测连通性(1)

```
[R1]ping 123.1.1.3
  PING 123.1.1.3: 56  data bytes, press CTRL_C to break
    Reply from 123.1.1.3: bytes=56 Sequence=1 ttl=255 time=30 ms
    Reply from 123.1.1.3: bytes=56 Sequence=2 ttl=255 time=50 ms
    Reply from 123.1.1.3: bytes=56 Sequence=3 ttl=255 time=10 ms
    Reply from 123.1.1.3: bytes=56 Sequence=4 ttl=255 time=50 ms
    Reply from 123.1.1.3: bytes=56 Sequence=5 ttl=255 time=30 ms

  --- 123.1.1.3 ping statistics ---
    5 packet(s) transmitted
    5 packet(s) received
    0.00% packet loss
    round-trip min/avg/max = 10/34/50 ms
```

图 11-5　在 R1 上检测连通性(2)

(4) 配置 OSPF。

[R1]ospf 1 router-id 11.1.1.1

[R1-ospf-1]area 0

[R1-ospf-1-area-0.0.0.0]network 11.1.1.1 0.0.0.0

[R1-ospf-1-area-0.0.0.0]network 123.1.1.1 0.0.0.0

[R1-ospf-1-area-0.0.0.0]
<R1>save

[R2]ospf 1 router-id 22.1.1.1
[R2-ospf-1]area 0
[R2-ospf-1-area-0.0.0.0]network 22.1.1.1 0.0.0.0
[R2-ospf-1-area-0.0.0.0]network 123.1.1.2 0.0.0.0
[R2-ospf-1-area-0.0.0.0]
<R2>save

[R3]ospf 1 router-id 33.1.1.1
[R3-ospf-1]area 0
[R3-ospf-1-area-0.0.0.0]network 33.1.1.1 0.0.0.0
[R3-ospf-1-area-0.0.0.0]network 123.1.1.3 0.0.0.0
[R3-ospf-1-area-0.0.0.0]
<R3>save

(5) 查看接口的 OSPF 网络类型。在 R2 上查看的结果如图 11-6 所示。

```
[R2]display ospf int s0/0/0

        OSPF Process 1 with Router ID 22.1.1.1
                Interfaces


 Interface: 123.1.1.2 (Serial0/0/0)
 Cost: 1562     State: DR          Type: NBMA       MTU: 1500
 Priority: 1
 Designated Router: 123.1.1.2
 Backup Designated Router: 0.0.0.0
 Timers: Hello 30 , Dead 120 , Poll  120 , Retransmit 5 , Transmit Delay 1
```

图 11-6　查看接口的 OSPF 网络类型

从图 11-6 可知，默认的网络类型是 NBMA(非广播多路访问网络)。因此，需要手动指定邻居，并且必须对两边都指定。

(6) 手动指定邻居。

[R1]ospf 1
[R1-ospf-1]peer 123.1.1.2
[R1-ospf-1]peer 123.1.1.3
[R1-ospf-1]
<R1>save

[R2]ospf 1
[R2-ospf-1]peer 123.1.1.1
[R2-ospf-1]
<R2>save

[R3]ospf 1
[R3-ospf-1]peer 123.1.1.1
[R3-ospf-1]
<R3>save

查看 R1 的邻居表，如图 11-7 所示。

```
[R1]display ospf peer brief

     OSPF Process 1 with Router ID 11.1.1.1
            Peer Statistic Information
 ----------------------------------------------------------------------------
 Area Id           Interface                        Neighbor id      State
 0.0.0.0           Serial0/0/0                      22.1.1.1         Full
 0.0.0.0           Serial0/0/0                      33.1.1.1         Full
 ----------------------------------------------------------------------------
```

图 11-7　查看 R1 的邻居表

图 11-7 显示邻居都正常了，但 R1 的路由表中看不到路由。

在 CISCO 的实验手册及课程中都着重讲过，NBMA 的网络中必须将 DR 控制在 hub 点上，所以我们修改 R2、R3 的优先级为 0。

(7) 修改 R2、R3 的优先级为 0。

[R2]interface Serial 0/0/0
[R2-Serial0/0/0]ospf dr-priority 0
[R2-Serial0/0/0]
<R2>save

[R3]interface Serial 0/0/0
[R3-Serial0/0/0]ospf dr-priority 0
[R3-Serial0/0/0]
<R3>save

分别查看 R1、R2 和 R3 的路由表，如图 11-8～图 11-10 所示。

```
[R1]display ip routing protocol ospf
Route Flags: R - relay, D - download to fib
------------------------------------------------------------------------------
Public routing table : OSPF
         Destinations : 2        Routes : 2

OSPF routing table status : <Active>
         Destinations : 2        Routes : 2

Destination/Mask    Proto   Pre  Cost       Flags NextHop         Interface

       22.1.1.1/32  OSPF    10   1562         D   123.1.1.2       Serial0/0/0
       33.1.1.1/32  OSPF    10   1562         D   123.1.1.3       Serial0/0/0

OSPF routing table status : <Inactive>
         Destinations : 0        Routes : 0
```

图 11-8　在 R1 上查看路由表

```
[R2]display ip routing protocol ospf
Route Flags: R - relay, D - download to fib
------------------------------------------------------------------------------
Public routing table : OSPF
        Destinations : 2        Routes : 2

OSPF routing table status : <Active>
        Destinations : 2        Routes : 2

Destination/Mask    Proto   Pre  Cost        Flags NextHop         Interface

      11.1.1.1/32  OSPF    10   1562          D   123.1.1.1       Serial0/0/0
      33.1.1.1/32  OSPF    10   1562          D   123.1.1.3       Serial0/0/0

OSPF routing table status : <Inactive>
        Destinations : 0        Routes : 0
```

图 11-9　在 R2 上查看路由表

```
[R3]display ip routing protocol ospf
Route Flags: R - relay, D - download to fib
------------------------------------------------------------------------------
Public routing table : OSPF
        Destinations : 2        Routes : 2

OSPF routing table status : <Active>
        Destinations : 2        Routes : 2

Destination/Mask    Proto   Pre  Cost        Flags NextHop         Interface

      11.1.1.1/32  OSPF    10   1562          D   123.1.1.1       Serial0/0/0
      22.1.1.1/32  OSPF    10   1562          D   123.1.1.2       Serial0/0/0

OSPF routing table status : <Inactive>
        Destinations : 0        Routes : 0
```

图 11-10　在 R3 上查看路由表

图 11-8 至图 11-10 说明路由均已正常学习。但在 R2 上 ping R3，ping 不通的原因是没有建立这两层的映射关系。

(8) 分别在 R2 与 R3 上建立映射关系。

```
[R2-Serial0/0/0]fr mapIP123.1.1.3 201 broadcast
[R2-Serial0/0/0]
<R2>save

[R3-Serial0/0/0]fr mapIP123.1.1.2 301 broadcast
[R3-Serial0/0/0]
<R3>save
```

再次在 R2 上 ping R3，结果如图 11-11 所示。

```
[R2]ping -a 22.1.1.1 33.1.1.1
  PING 33.1.1.1: 56  data bytes, press CTRL_C to break
    Reply from 33.1.1.1: bytes=56 Sequence=1 ttl=254 time=60 ms
    Reply from 33.1.1.1: bytes=56 Sequence=2 ttl=254 time=30 ms
    Reply from 33.1.1.1: bytes=56 Sequence=3 ttl=254 time=100 ms
    Reply from 33.1.1.1: bytes=56 Sequence=4 ttl=254 time=30 ms
    Reply from 33.1.1.1: bytes=56 Sequence=5 ttl=254 time=50 ms

  --- 33.1.1.1 ping statistics ---
    5 packet(s) transmitted
    5 packet(s) received
    0.00% packet loss
    round-trip min/avg/max = 30/54/100 ms
```

图 11-11　在 R2 上 ping R3

检测可知，现在网络全部互通。

3. 任务评价

(1) 下载任务 11 参考答案包。

(2) 解压任务 11 参考答案包。

(3) 重新启动 eNSP，依次选择“菜单”→“考试”→“阅卷”。在弹出的“阅卷”对话框中，在“标准答案文件路径”文本框中选择下载的“参考答案”文件夹中的文件，在“学生答案保存路径”文本框中选择交卷时的位置，再单击“阅卷”按钮，如图 0-9 所示，在弹出的对话框中选择“是”，即可看到阅卷结果。

4. 拓展知识

扫描下面的二维码即可在手机上阅读拓展知识。

任务 12　BGP 协议配置

任务拓扑

任务 12 拓扑如图 12-1 所示。

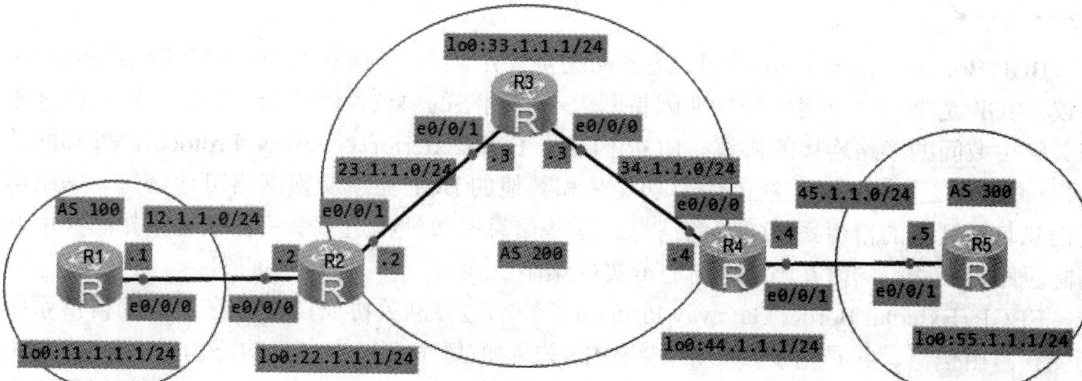

图 12-1　任务 12 拓扑

任务要求

(1) 按拓扑图配置 IP 地址。

(2) 配置 AS200 内的 OSPF。

(3) 配置 BGP：

① 在 R1 与 R2 之间配置 EBGP 的邻居关系；

② 在 R2、R3、R4 之间配置 IBGP，用环回接口建立邻居关系；

③ 在 R4 与 R5 之间配置 EBGP 的邻居关系。

(4) 通告路由，使网络互通。

(5) 检测连通性。

任务目标

(1) 掌握区域内部 BGP 的配置方法；
(2) 掌握多区域 BGP 的配置方法；
(3) 观察 BGP 的邻居表和数据库；
(4) 掌握 BGP 更新源的配置方法；
(5) 掌握 EBGP 多跳的配置方法；
(6) 观察 IBGP 和 EBGP 中路由下一跳的变化；
(7) 掌握 IBGP 中下一跳的配置；
(8) 掌握 BGP 的 Network 命令的配置方法。

相关知识

BGP(Border Gateway Protocol，边界网关协议)：运行于 TCP 上的一种自治系统的路由协议。BGP 是唯一一个用来处理像因特网大小的网络的协议，也是唯一能够妥善处理好不相关路由域间的多路连接的协议。BGP 构建于 EGP(Exterior Gateway Protocol，外部网关协议)的经验之上。BGP 系统的主要功能是和其他的 BGP 系统交换网络可达信息。网络可达信息包括列出的自治系统(AS)的信息。这些信息有效地构造了 AS 互联的拓扑图并由此清除了路由环路，同时在 AS 级别上可实施策略决策。

EBGP (External Border Gateway Protocol，外部边界网关协议)：用于在不同的自治系统间交换路由信息。它是用于在自治网络中网关主机(每个主机有自己的路由)之间交换路由信息的协议，使管理员能够在已知的路由策略上配置路由加权，可以更方便地使用无级内部域名路由(CIDR)。它是一种在网络中可以容纳更多地址的机制，它比外部网关协议(EGP)更新。

IBGP(Internal Border Gateway Protocol，内部 BGP 协议)：仅用于多归属场合。IBGP 允许边缘路由器共享 NLRI(Network Layer Reachability Information，网络层可达信息)及其相关属性，从而增强系统范围内的路由策略。此外，当位于转接(Transit)AS 中的边缘路由器将学习自外部对等体的路由传递给其他边缘路由器(以便将该路由宣告给外部对等体)时，就可以利用 IBGP 作为传递手段。

操作步骤

1. 任务准备

(1) 下载任务 12 原件包。
(2) 解压任务 12 原件包。
(3) 双击“任务 12 BGP 协议配置.paper”，启动任务。

2. 任务操作

(1) 按拓扑图配置 IP 地址。

配置 R1：

```
<Huawei>system-view
[Huawei]sysname R1
[R1]interface Ethernet 0/0/0
[R1-Ethernet0/0/0]ip address 12.1.1.1 255.255.255.0
[R1-Ethernet0/0/0]undo shutdown
[R1]interface LoopBack 0
[R1-LoopBack0]ip address 11.1.1.1 255.255.255.0
[R1-LoopBack0]                        //按 Ctrl+Z
<R1>save
```

配置 R2：

```
<Huawei>system-view
[Huawei]sysname R2
[R2]interface Ethernet 0/0/0
[R2-Ethernet0/0/0]ip address 12.1.1.2 255.255.255.0
[R2-Ethernet0/0/0]undo shutdown
[R2]int e0/0/1
[R2-Ethernet0/0/1]ip address 23.1.1.2 255.255.255.0
[R2-Ethernet0/0/1]undo shutdown
[R2]int LoopBack 0
[R2-LoopBack0]ip address 22.1.1.1 255.255.255.0
[R2-LoopBack0]                        //按 Ctrl+Z
<R2>save
```

配置 R3：

```
<Huawei>system-view
[Huawei]sysname R3
[R3]int e0/0/1
[R3-Ethernet0/0/1]ip address 23.1.1.3 255.255.255.0
[R3-Ethernet0/0/1]undo shutdown
[R3]int e0/0/0
[R3-Ethernet0/0/0]ip address 34.1.1.3 255.255.255.0
[R3-Ethernet0/0/0]undo shutdown
[R3]int LoopBack 0
[R3-LoopBack0]ip address 33.1.1.1 255.255.255.0
[R3-LoopBack0]                        //按 Ctrl+Z
<R3>save
```

配置 R4:

```
<Huawei>system-view
[Huawei]sysname R4
[R4]int e0/0/0
[R4-Ethernet0/0/0]ip address 34.1.1.4 255.255.255.0
[R4-Ethernet0/0/0]undo shutdown
[R4]int e0/0/1
[R4-Ethernet0/0/1]ip address 45.1.1.4 255.255.255.0
[R4-Ethernet0/0/1]undo shutdown
[R4]int LoopBack 0
[R4-LoopBack0]ip address 44.1.1.1 255.255.255.0
[R4-LoopBack0]                              //按 Ctrl+Z
<R4>save
```

配置 R5:

```
<Huawei>system-view
[Huawei]sysname R5
[R5]int e0/0/1
[R5-Ethernet0/0/1]ip address 45.1.1.5 255.255.255.0
[R5-Ethernet0/0/1]undo shutdown
[R5]int LoopBack 0
[R5-LoopBack0]ip address 55.1.1.1 255.255.255.0
[R5-LoopBack0]                              //按 Ctrl+Z
<R5>save
```

(2) 配置 AS200 内的 OSPF。

在 R2 上配置:

```
[R2]ospf 1 router-id 22.1.1.1
[R2-ospf-1]area 0
[R2-ospf-1-area-0.0.0.0]network 23.1.1.2 0.0.0.0
[R2-ospf-1-area-0.0.0.0]network 22.1.1.1 0.0.0.0
[R2-ospf-1-area-0.0.0.0]
<R2>save
```

在 R3 上配置:

```
[R3]ospf 1 router-id 33.1.1.1
[R3-ospf-1]area 0
[R3-ospf-1-area-0.0.0.0]network 23.1.1.3 0.0.0.0
[R3-ospf-1-area-0.0.0.0]network 33.1.1.1 0.0.0.0
[R3-ospf-1-area-0.0.0.0]network 34.1.1.3 0.0.0.0
[R3-ospf-1-area-0.0.0.0]
<R3>save
```

在 R4 上配置：

```
[R4]ospf 1 router-id 44.1.1.1
[R4-ospf-1]area 0
[R4-ospf-1-area-0.0.0.0]network 34.1.1.4 0.0.0.0
[R4-ospf-1-area-0.0.0.0]network 44.1.1.1 0.0.0.0
[R4-ospf-1-area-0.0.0.0]
<R4>save
```

(3) 配置 BGP。

① 在 R1 与 R2 之间配置 EBGP 的邻居关系：

```
[R1]bgp 100
[R1-bgp]peer 12.1.1.2 as-number 200
[R1-bgp]
<R1>save

[R2]bgp 200
[R2-bgp]peer 12.1.1.1 as-number 100
[R2-bgp]
<R2>save
```

在 R1 上查看 TCP 连接，如图 12-2 所示。

```
<R1>display tcp status
TCPCB     Tid/Soid Local Add:port        Foreign Add:port       VPNID  State
1cb6dbf8  59  /1   0.0.0.0:23            0.0.0.0:0              -1     Listening
16b0381c  107/1    0.0.0.0:179           12.1.1.2:0             0      Listening
16b0993c  107/6    12.1.1.1:179          12.1.1.2:57927         0      Established
```

图 12-2　在 R1 上查看 TCP 连接

在 R1 上查看邻居表：

```
[R1]display bgp peer
BGP local router ID ：  12.1.1.1
Local AS number ：  100
Total number of peers ：  1              Peers in established state ：  1
Peer          V    AS   MsgRcvd   MsgSent   OutQ   Up/Down    State Pre    fRcv
12.1.1.2      4    200     7         8        0    00:05:11   Established    0
```

② 在 R2、R3、R4 之间配置 IBGP，用环回接口建立邻居关系。

```
<R2>sys
[R2]bgp 200
[R2-bgp]peer 33.1.1.1 as-number 200
[R2-bgp]peer 33.1.1.1 connect-interface LoopBack 0
[R2-bgp]peer 33.1.1.1 next-hop-local
[R2-bgp]peer 44.1.1.1 as-number 200
[R2-bgp]peer 44.1.1.1 connect-interface LoopBack 0
```

```
[R2-bgp]peer 44.1.1.1 next-hop-local
[R2-bgp]                                          //按 Ctrl+Z
<R2>save

[R3]bgp 200
[R3-bgp]peer 22.1.1.1 as-number 200
[R3-bgp]peer 22.1.1.1 next-hop-local
[R3-bgp]peer 22.1.1.1 connect-interface LoopBack 0
[R3-bgp]peer 44.1.1.1 as-number 200
[R3-bgp]peer 44.1.1.1 connect-interface LoopBack 0
[R3-bgp]peer 44.1.1.1 next-hop-local
[R3-bgp]
<R3>save

[R4]bgp 200
[R4-bgp]peer 33.1.1.1 as-number 200
[R4-bgp]peer 33.1.1.1 connect-interface LoopBack 0
[R4-bgp]peer 33.1.1.1 next-hop-local
[R4-bgp]peer 22.1.1.1 as-number 200
[R4-bgp]peer 22.1.1.1 connect-interface LoopBack 0
[R4-bgp]peer 22.1.1.1 next-hop-local
[R4-bgp]
<R4>save
```

③ 在 R4 与 R5 之间配置 EBGP 的邻居关系。

```
[R5]bgp 300
[R5-bgp]peer 45.1.1.4 as-number 200
[R5-bgp]
<R5>save

[R4]bgp 200
[R4-bgp]peer 45.1.1.5 as-number 300
[R4-bgp]
<R4>save
```

④ 通告路由。

```
[R1]bgp 100
[R1-bgp]network 11.1.1.0 255.255.255.0
[R1-bgp]
<R1>save
```

[R5]bgp 300

[R5-bgp]network 55.1.1.0 255.255.255.0

[R5-bgp]

<R5>save

在 R5 上查看 BGP 表，如图 12-3 所示。

```
[R5]display bgp routing

 BGP Local router ID is 45.1.1.5
 Status codes: * - valid, > - best, d - damped,
               h - history,  i - internal, s - suppressed, S - Stale
               Origin : i - IGP, e - EGP, ? - incomplete


 Total Number of Routes: 2
      Network            NextHop        MED        LocPrf    PrefVal Path/Ogn

 *>   11.1.1.0/24        45.1.1.4                             0      200 100i
 *>   55.1.1.0/24        0.0.0.0         0                    0      i
```

图 12-3　在 R5 上查看 BGP 表

在 R5 上查看路由表，如图 12-4 所示。

```
[R5]display ip routing protocol bgp
Route Flags: R - relay, D - download to fib
------------------------------------------------------------------------------
Public routing table : BGP
         Destinations : 1        Routes : 1

BGP routing table status : <Active>
         Destinations : 1        Routes : 1

Destination/Mask    Proto   Pre  Cost      Flags NextHop         Interface

      11.1.1.0/24  EBGP    255  0           D   45.1.1.4        Ethernet0/0/1

BGP routing table status : <Inactive>
         Destinations : 0        Routes : 0
```

图 12-4　在 R5 上查看路由表

在 R1 上测试连通性，如图 12-5 所示。

```
[R1]ping -a 11.1.1.1 55.1.1.1
  PING 55.1.1.1: 56  data bytes, press CTRL_C to break
    Reply from 55.1.1.1: bytes=56 Sequence=1 ttl=252 time=140 ms
    Reply from 55.1.1.1: bytes=56 Sequence=2 ttl=252 time=130 ms
    Reply from 55.1.1.1: bytes=56 Sequence=3 ttl=252 time=90 ms
    Reply from 55.1.1.1: bytes=56 Sequence=4 ttl=252 time=130 ms
    Reply from 55.1.1.1: bytes=56 Sequence=5 ttl=252 time=160 ms

  --- 55.1.1.1 ping statistics ---
    5 packet(s) transmitted
    5 packet(s) received
    0.00% packet loss
    round-trip min/avg/max = 90/130/160 ms
```

图 12-5　在 R1 上测试连通性

3. 任务评价

(1) 下载任务 12 参考答案包。

(2) 解压任务 12 参考答案包。

(3) 重新启动 eNSP，依次选择“菜单”→“考试”→“阅卷”。在弹出的“阅卷”对话框中，在“标准答案文件路径”文本框中选择下载的“参考答案”文件夹中的文件，在“学生答案保存路径”文本框中选择交卷时的位置，再单击“阅卷”按钮，如图 0-9 所示，在弹出的对话框中选择“是”，即可看到阅卷结果。

4. 拓展知识

扫描下面的二维码即可在手机上阅读拓展知识。

任务 13　配置 SW1 与 SW2 之间的链路聚合

任务拓扑

任务 13 拓扑如图 13-1 所示。

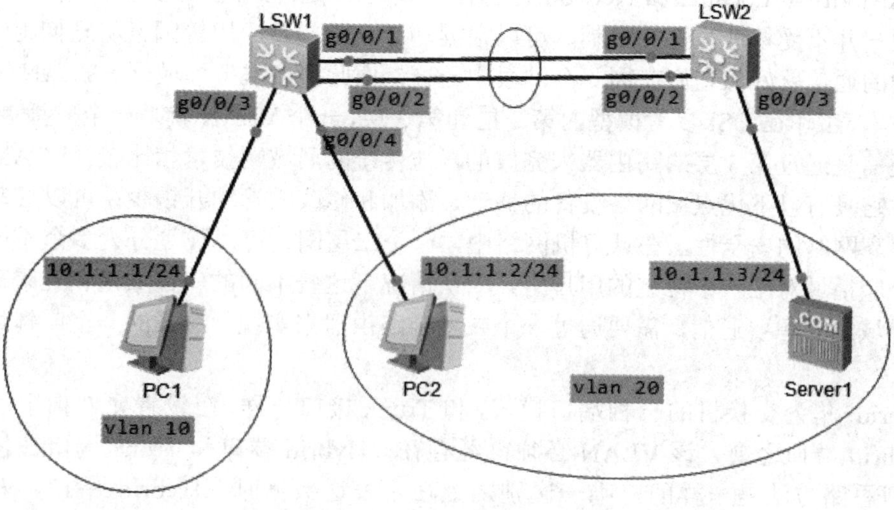

图 13-1　任务 13 拓扑

任务要求

(1) 按拓扑图所示配置 PC1、PC2、Server1 接口地址。
(2) 按拓扑图所示配置链路聚合端口。
(3) 按拓扑图所示配置 VLAN。
(4) 查看 VLAN 配置情况，检测 PC1 与 Server1 能否实现通信。
(5) 配置 Hybrid 接口，使不同的 VLAN 间也能通信。

任务目标

(1) 掌握 VLAN 的配置方法；

(2) 掌握 eth-trunk 接口的配置方法；

(3) 理解 Hybrid 接口类型的应用场景。

相关知识

链路聚合(Link Aggregation)：将多个物理端口捆绑在一起，成为一个逻辑端口，以实现出/入流量在各成员端口中的负荷分担，交换机根据用户配置的端口负荷分担策略决定报文从哪一个成员端口发送到对端的交换机。当交换机检测到其中一个成员端口的链路发生故障时，就停止在此端口上发送报文，并根据负荷分担策略在剩下链路中重新计算报文发送的端口，故障端口恢复后再次重新计算报文发送端口。链路聚合在增加链路带宽、实现链路传输弹性和冗余等方面是一项很重要的技术。

VLAN(Virtual Local Area Network，虚拟局域网)：是一组逻辑上的设备和用户，这些设备和用户并不受物理位置的限制，可以根据功能、部门及应用等因素将它们组织起来，相互之间的通信就好像它们在同一个网段中一样，由此得名虚拟局域网。VLAN 是一种比较新的技术，工作在 OSI 参考模型的第 2 层和第 3 层，一个 VLAN 就是一个广播域，VLAN 之间的通信是通过第 3 层的路由器来完成的。与传统的局域网技术相比较，VLAN 技术更加灵活，它具有以下优点：网络设备的移动、添加和修改的管理开销少；可以控制广播活动；可提高网络的安全性。在计算机网络中，一个二层网络可以被划分为多个不同的广播域，一个广播域对应一个特定的用户组，默认情况下这些不同的广播域是相互隔离的。不同的广播域之间想要通信，需要通过一个或多个路由器来实现。这样的一个广播域就称为 VLAN。

Hybrid：华为交换机的一种端口模式，和 Trunk 接口一样，在设置允许指定的 VLAN 通过 Hybrid 端口之前，该 VLAN 必须已经存在。Hybrid 端口和 Trunk 端口在接收数据时，处理思路方法是一样的，唯一区别之处在于发送数据时，Hybrid 端口具有解除多 VLAN 标签的功能，可以允许多个 VLAN 的报文发送时不打标签，从而增加了网络的灵活性，在一定程度上也增加了安全性，而 Trunk 端口只允许缺省 VLAN 的报文发送时不打标签。

STP(Spanning Tree Protocol，生成树协议)：可应用于网络中建立树形拓扑，消除网络中的环路，并且可以通过一定的方法实现路径冗余，但不是一定可以实现路径冗余。生成树协议适合所有厂商的网络设备，在配置上和体现功能强度上有所差别，但是在原理和应用效果上是一致的。

BPDU：运行于 STP 的交换机之间交换的消息帧。BPDU 内包含了 STP 所需的路径和优先级信息，STP 便利用这些信息来确定根桥以及到根桥的路径。

基于 IEEE802.3ad 标准的 LACP(Link Aggregation Control Protocol，链路汇聚控制协议)：一种实现链路动态汇聚的协议。LACP 通过 LACPDU(Link Aggregation Control Protocol Data Unit，链路汇聚控制协议数据单元)与对端交互信息。

操作步骤

1. 任务准备

(1) 下载任务 13 原件包。

(2) 解压任务 13 原件包。

(3) 双击“任务 13 配置 SW1 与 SW2 之间的链路聚合.paper”，启动任务。

2. 任务操作

(1) 按拓扑图分别配置 PC1、PC2、Server1 接口地址，如图 13-2～图 13-4 所示。

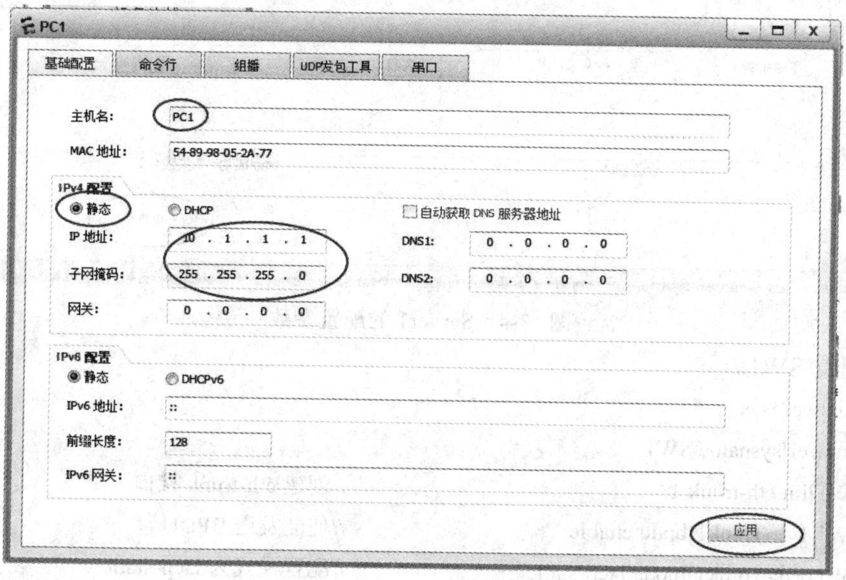

图 13-2　PC1 的配置参数

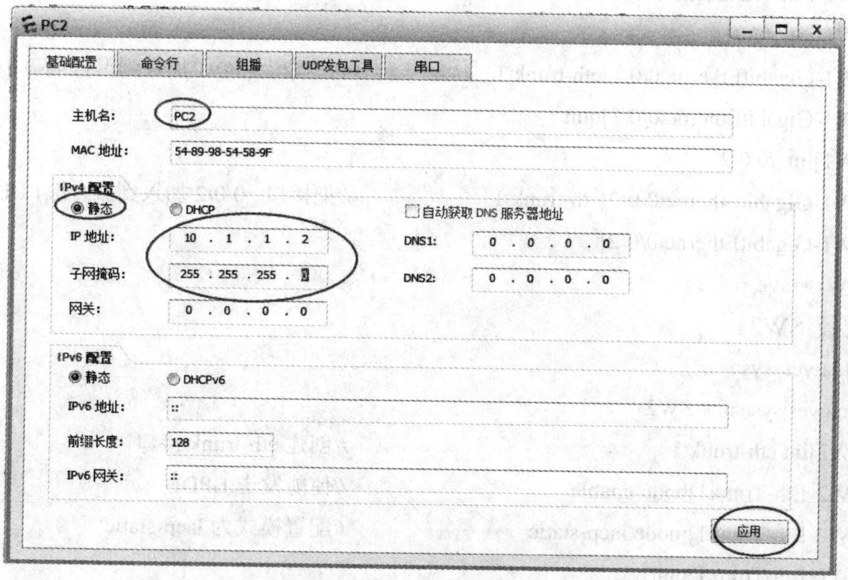

图 13-3　PC2 的配置参数

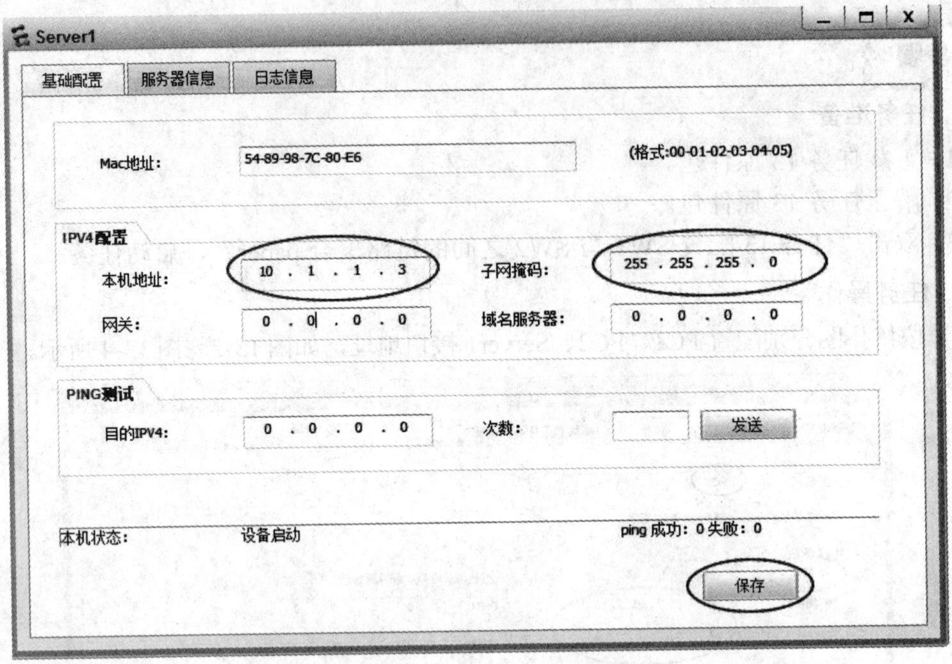

图 13-4　Server1 的配置参数

(2) 配置 SW1。

```
<Huawei>sys
[Huawei]sysname SW1
[SW1]int eth-trunk 1                          //创建 eth-trunk 接口
[SW1-Eth-Trunk1]bpdu enable                   //使能发送 BPDU
[SW1-Eth-Trunk1]mode lacp-static              //配置模式为 lacp-static
[SW1-Eth-Trunk1]quit
[SW1]int g0/0/1
[SW1-GigabitEthernet0/0/1]eth-trunk 1         //把接口 g0/0/1 加入到聚合端口 1
[SW1-GigabitEthernet0/0/1]quit
[SW1]int g0/0/2
[SW1-GigabitEthernet0/0/2]eth-trunk 1         //把接口 g0/0/2 加入到聚合端口 1
[SW1-GigabitEthernet0/0/2]
<SW1>save
```

(3) 配置 SW2。

```
<Huawei>sys
[Huawei]sysname SW2
[SW2]int eth-trunk 1                          //创建 eth-trunk 接口
[SW2-Eth-Trunk1]bpdu enable                   //使能发送 BPDU
[SW2-Eth-Trunk1]mode lacp-static              //配置模式为 lacp-static
[SW2-Eth-Trunk1]quit
[SW2]int g0/0/1
```

```
[SW2-GigabitEthernet0/0/1]eth-trunk 1          //把接口 g0/0/1 加入到聚合端口 1
[SW2-GigabitEthernet0/0/1]quit
[SW2]int g0/0/2
[SW2-GigabitEthernet0/0/2]eth-trunk 1          //把接口 g0/0/2 加入到聚合端口 1
[SW2-GigabitEthernet0/0/2]
<SW2>save
```

验证配置结果，如图 13-5 所示。

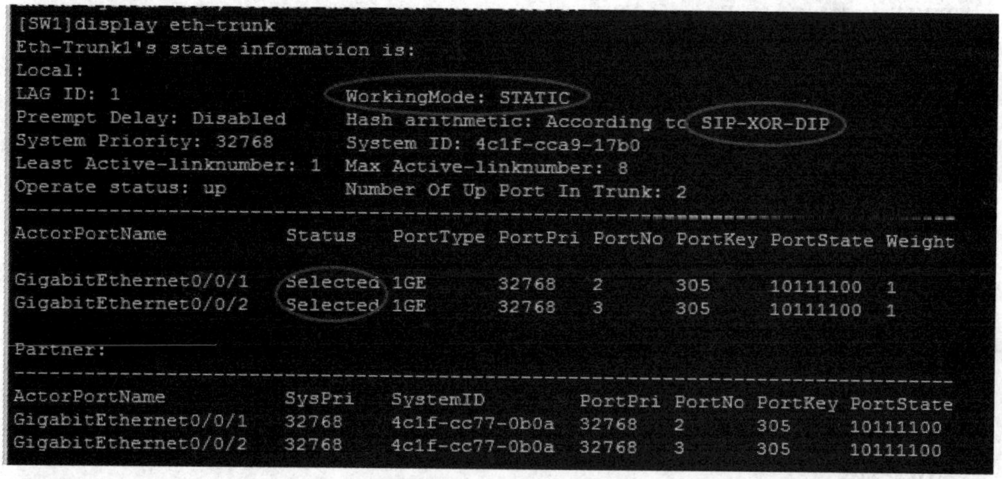

图 13-5　验证配置情况

图 13-5 中圈出的部分显示了运行的模式、负载均衡的方式、被聚合的接口，以及各个接口的状态。此时两个接口中关闭任何一个，eth-trunk 接口都不会关闭。

检测连通性，如图 13-6 所示。

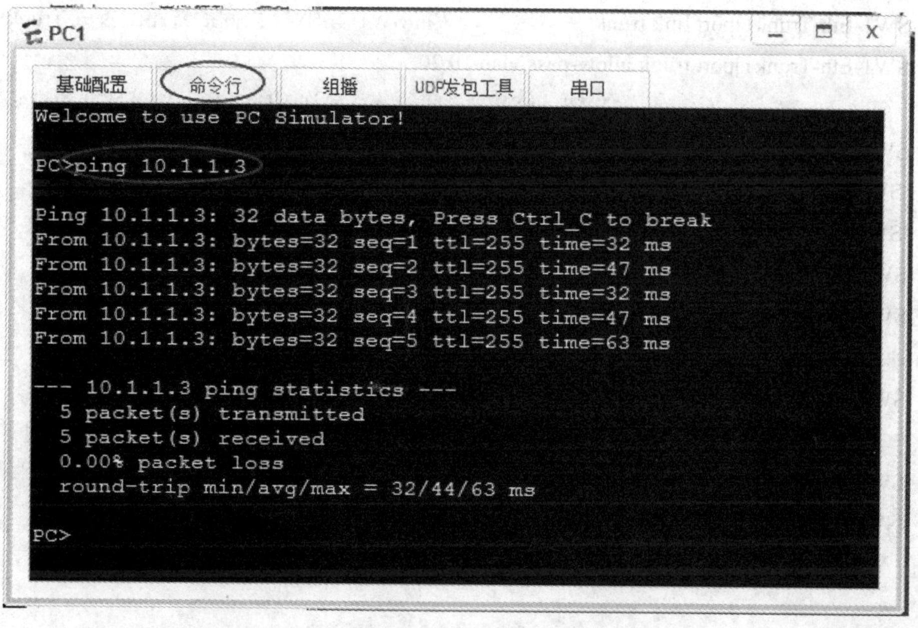

图 13-6　检测连通性

(4) 配置 VLAN。

在 SW1 上配置：

```
[SW1]vlan batch 10 20                              //在 SW1 上创建 VLAN10、VLAN20
[SW1]interface GigabitEthernet 0/0/3
[SW1-GigabitEthernet0/0/3]port link-type access    //将接口 g0/0/3 确定为 access 模式
[SW1-GigabitEthernet0/0/3]port default vlan 10     //将接口 g0/0/3 加入到 VLAN 10
[SW1-GigabitEthernet0/0/3]quit
[SW1]interface GigabitEthernet 0/0/4
[SW1-GigabitEthernet0/0/4]port link-type access    //将接口 g0/0/4 确定为 access 模式
[SW1-GigabitEthernet0/0/4]port default vlan 20     //将接口 g0/0/4 加入到 VLAN 20
[SW1-GigabitEthernet0/0/4]                         //按 Ctrl+Z
<SW1>save
```

在 SW2 上配置：

```
[SW2]vlan batch 10 20
[SW2]interface GigabitEthernet 0/0/3
[SW2-GigabitEthernet0/0/3]port link-type access
[SW2-GigabitEthernet0/0/3]port default vlan 20
[SW2-GigabitEthernet0/0/3]                         //按 Ctrl+Z
<SW2>save
```

在 SW2 上配置：把 SW1 与 SW2 之间的链路配置成 Trunk，Trunk 接口默认只允许 VLAN1 通过，所以需配置允许 VLAN10、VLAN20 通过。

```
<SW1>sys
[SW1]int eth-trunk 1
[SW1-Eth-Trunk1]port link trunk              //将 SW1 与 SW2 之间的链路配置成 Trunk
[SW1-Eth-Trunk1]port trunk allow-pass vlan 10 20
                         //配置 SW1 与 SW2 之间的链路允许 VLAN10、VLAN20 通过
[SW1-Eth-Trunk1]                                   //按 Ctrl+Z
<SW1>save
<SW2>sys
[SW2]int eth-trunk 1
[SW2-Eth-Trunk1]port link trunk
                         //将 SW1 与 SW2 之间的链路配置成 Trunk
[SW2-Eth-Trunk1]port trunk allow-pass vlan 10 20
                         //配置 SW1 与 SW2 之间的链路允许 VLAN10、VLAN20 通过
[SW2-Eth-Trunk1]                                   //按 Ctrl+Z
<SW2>save
```

查看 VLAN 配置，如图 13-7 所示。

```
[SW1]display vlan summary
static vlan:
Total 3 static vlan.
  1 10 20

dynamic vlan:
Total 0 dynamic vlan.

reserved vlan:
Total 0 reserved vlan.
[SW1]
```

图 13-7　查看 VLAN 配置

查看 VLAN 的详细信息，如图 13-8 所示。

```
LSW1
[SW1]display vlan
The total number of vlans is : 3
--------------------------------------------------------------------------------
U: Up;         D: Down;         TG: Tagged;         UT: Untagged;
MP: Vlan-mapping;               ST: Vlan-stacking;
#: ProtocolTransparent-vlan;    *: Management-vlan;
--------------------------------------------------------------------------------

VID  Type    Ports
--------------------------------------------------------------------------------
1    common  UT:GE0/0/5(D)      GE0/0/6(D)      GE0/0/7(D)      GE0/0/8(D)
                GE0/0/9(D)      GE0/0/10(D)     GE0/0/11(D)     GE0/0/12(D)
                GE0/0/13(D)     GE0/0/14(D)     GE0/0/15(D)     GE0/0/16(D)
                GE0/0/17(D)     GE0/0/18(D)     GE0/0/19(D)     GE0/0/20(D)
                GE0/0/21(D)     GE0/0/22(D)     GE0/0/23(D)     GE0/0/24(D)
                Eth-Trunk1(U)

10   common  UT:GE0/0/3(U)
             TG:Eth-Trunk1(U)

20   common  UT:GE0/0/4(U)

             TG:Eth-Trunk1(U)


VID  Status  Property      MAC-LRN Statistics Description
--------------------------------------------------------------------------------

1    enable  default       enable  disable    VLAN 0001
10   enable  default       enable  disable    VLAN 0010
20   enable  default       enable  disable    VLAN 0020
[SW1]
```

图 13-8　查看 VLAN 的详细信息

查看接口所属 VLAN，如图 13-9 所示。

```
LSW1
[SW1]display port vlan
Port                        Link Type    PVID  Trunk VLAN List
-------------------------------------------------------------------------------
Eth-Trunk1                  trunk        1     1 10 20
GigabitEthernet0/0/1        hybrid       0     -
GigabitEthernet0/0/2        hybrid       0     -
GigabitEthernet0/0/3        access       10    -
GigabitEthernet0/0/4        access       20    -
GigabitEthernet0/0/5        hybrid       1     -
GigabitEthernet0/0/6        hybrid       1     -
GigabitEthernet0/0/7        hybrid       1     -
GigabitEthernet0/0/8        hybrid       1     -
GigabitEthernet0/0/9        hybrid       1     -
GigabitEthernet0/0/10       hybrid       1     -
GigabitEthernet0/0/11       hybrid       1     -
GigabitEthernet0/0/12       hybrid       1     -
GigabitEthernet0/0/13       hybrid       1     -
GigabitEthernet0/0/14       hybrid       1     -
GigabitEthernet0/0/15       hybrid       1     -
GigabitEthernet0/0/16       hybrid       1     -
GigabitEthernet0/0/17       hybrid       1     -
GigabitEthernet0/0/18       hybrid       1     -
GigabitEthernet0/0/19       hybrid       1     -
GigabitEthernet0/0/20       hybrid       1     -
GigabitEthernet0/0/21       hybrid       1     -
GigabitEthernet0/0/22       hybrid       1     -
GigabitEthernet0/0/23       hybrid       1     -
GigabitEthernet0/0/24       hybrid       1     -
[SW1]
```

图 13-9　查看接口所属 VLAN

检测连通性，在 PC2 上执行 ping 10.1.1.3，结果如图 13-10 所示。

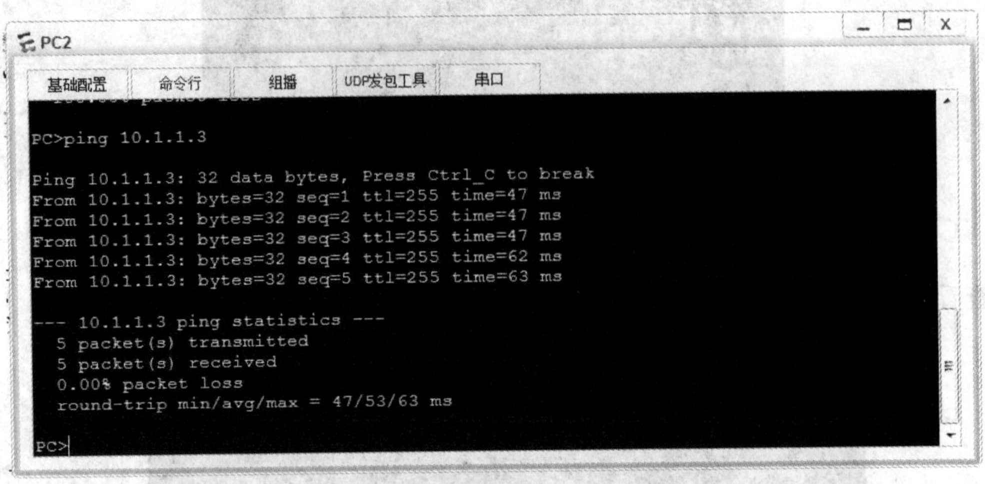

图 13-10　在 PC2 上执行 ping 10.1.1.3

由图 13-10 可知，PC2 能够通过 Trunk 链路与处于同一个 VLAN 的 PC3 正常通信。

PC1 不能 ping 通 PC3，因为它们在不同的 VLAN。要实现不同 VLAN 间的 PC1 与 PC3 通信，则需配置 Hybrid 接口。

(5) 配置 Hybrid 接口。

Hybrid 接口通常用来隔离处于同一个网段下的接口通信，可以实现 PC1 和 PC3 之间二层模式下的通信。

在 SW1 上配置：

```
<SW1>sys
[SW1]int g0/0/3
[SW1-GigabitEthernet0/0/3]undo port default vlan
[SW1-GigabitEthernet0/0/3]port link-type hybrid
            //配置接口的模式为 Hybrid，默认就是此模式，可不用此命令
[SW1-GigabitEthernet0/0/3]port hybrid pvid vlan 10
            //把此接口加入到 VLAN10。默认属于 VLAN1
[SW1-GigabitEthernet0/0/3]port hybrid untagged vlan 10 20
            //让接口允许发送 VLAN10、VLAN20 的流量，并且不打标记
[SW1-GigabitEthernet0/0/3]                //按 Ctrl+Z
<SW1>save
```

在 SW2 上配置：

```
<SW2>sys
[SW2]int g0/0/3
[SW2-GigabitEthernet0/0/3]undo port default vlan
[SW2-GigabitEthernet0/0/3]port link-type hybrid
            //配置接口的模式为 Hybrid，默认就是此模式，可不用此命令
[SW2-GigabitEthernet0/0/3]port hybrid pvid vlan 20
```

```
            //把此接口加入到 VLAN20，默认属于 VLAN1
[SW2-GigabitEthernet0/0/3]port hybrid untagged vlan 10 20
            //让接口允许发送 VLAN10 的流量，并且不打标记
[SW2-GigabitEthernet0/0/3]                    //按 Ctrl+Z
<SW2>save
```

再次检测连通性，如图 13-11 所示。

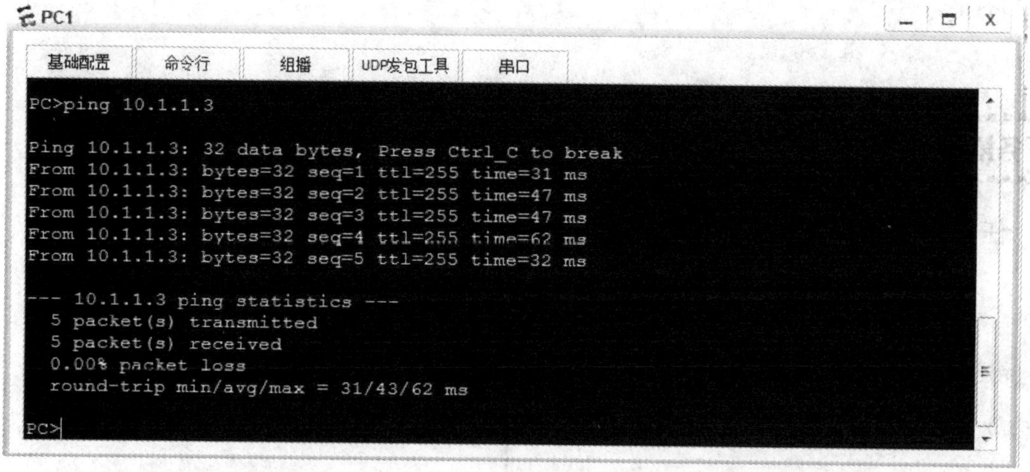

图 13-11　再次检测连通性

此时，即使 PC1 与 PC3 不在同一个 VLAN，也实现了通信。但是它们都属于同一个三层子网。

3. 任务评价

(1) 下载任务 13 参考答案包。

(2) 解压任务 13 参考答案包。

(3) 重新启动 eNSP，依次选择“菜单”→“考试”→“阅卷”。在弹出的“阅卷”对话框中，在“标准答案文件路径”文本框中选择下载的“参考答案”文件夹中的文件，在“学生答案保存路径”文本框中选择交卷时的位置，再单击“阅卷”按钮，如图 0-9 所示，在弹出的对话框中选择“是”，即可看到阅卷结果。

4. 拓展知识

扫描下面的二维码即可在手机上阅读拓展知识。

任务 14 配置 Hybrid 端口(1)

任务拓扑

任务 14 拓扑如图 14-1 所示。

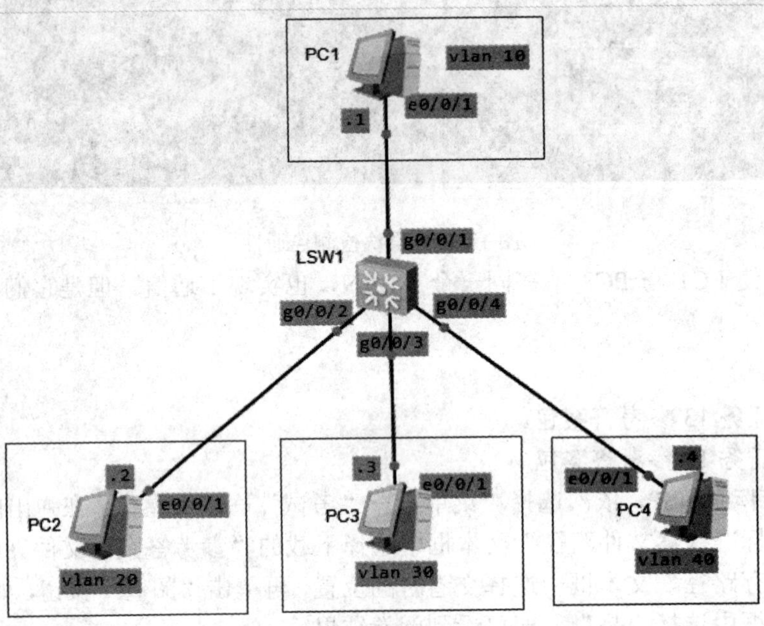

图 14-1 任务 14 拓扑

任务要求

(1) 按拓扑图配置各接口地址，并更换其名称。

(2) 配置交换机，使网络符合如下组网需求：

① PC2 和 PC3 之间可以互访；

② PC2 和 PC4 之间可以互访；

③ PC2、PC3 和 PC4 都可以访问 PC1；

④ 其余的 PC 之间访问均禁止。

任务目标

理解 Hybrid 类型接口及其应用场景。

相关知识

1. 交换机端口链路类型介绍

交换机以太网端口共有三种链路类型：Access、Trunk 和 Hybrid。

Access 类型的端口只能属于 1 个 VLAN，一般用于连接计算机的端口；Trunk 类型的端口属于多个 VLAN，可以接收和发送多个 VLAN 的报文，一般用于交换机之间连接的端口；Hybrid 类型的端口属于多个 VLAN，可以接收和发送多个 VLAN 的报文，可以用于交换机之间连接，也可以用于连接用户的计算机。

Hybrid 端口和 Trunk 端口的相同之处在于两种链路类型的端口都可以允许多个 VLAN 的报文发送时打标签；不同之处在于 Hybrid 端口可以允许多个 VLAN 的报文发送时不打标签，而 Trunk 端口只允许缺省 VLAN 的报文发送时不打标签。三种类型的端口可以共存在一台以太网交换机上，但 Trunk 端口和 Hybrid 端口之间不能直接切换，只能先设置为 Access 端口，再设置为其他类型端口。例如：Trunk 端口不能直接被设置为 Hybrid 端口，只能先设为 Access 端口，再设置为 Hybrid 端口。

2. 各类型端口使用注意事项

配置 Trunk 端口或 Hybrid 端口，并利用 Trunk 端口或 Hybrid 端口发送多个 VLAN 报文时一定要注意：本端端口和对端端口的缺省 VLAN ID(端口的 PVID)要保持一致。当在交换机上使用 isolate-user-VLAN 来进行二层端口隔离时，参与此配置的端口的链路类型会自动变成 Hybrid 类型。Hybrid 端口的应用比较灵活，主要为满足一些特殊应用需求。此类需求多为在无法下发访问控制规则的交换机上，利用 Hybrid 端口收发报文时的处理机制，来完成对同一网段的 PC 机之间的二层访问控制。

3. 各类型端口在接收和发送报文时的处理

(1) 端口接收报文时的处理如表 14-1 所示。

表 14-1　端口接收报文时的处理

端口接收到的报文类型	报文帧结构中携带 VLAN 标记	报文帧结构中不携带 VLAN 标记
Access 端口	丢弃该报文	为该报文打上 VLAN 标记为本端口的 PVID
Trunk 端口	判断本端口是否允许携带该 VLAN 标记的报文通过。如果允许则报文携带原有 VLAN 标记进行转发，否则丢弃该报文	同上
Hybrid 端口	同上	同上

(2) 端口发送报文时的处理如表 14-2 所示。

表 14-2　端口发送报文时的处理

端口发送的报文类型	处理方法
Access 端口	去除报文所携带的 VLAN 标记，进行转发
Trunk 端口	首先判断报文所携带的 VLAN 标记是否和端口的 PVID 相等。如果相等，则去除报文所携带的 VLAN 标记，进行转发；否则报文将携带原有的 VLAN 标记进行转发
Hybrid 端口	首先判断报文所携带的 VLAN 标记在本端口需要做哪些处理。如果是 untagged 方式转发，则处理方式同 Access 端口；如果是 tagged 方式转发，则处理方式同 Trunk 端口

tagged 通常是对输入端口的报文打上标签，untagged 则是对输出端口的报文去除标签。

注意：

Access 端口只连接计算机，只能与具有相同的 VLAN-ID 主机通信；连接计算机时，从计算机接收报文需打上标记，发送报文到计算机则去除标记。

Trunk 端口常用于交换机之间的连接，可以接收和发送多个 VLAN-ID 标记的报文，只有允许的才可以发送和接收。发送和接收时都携带报文标签。可设置一个 PVID 标签，与此 PVID 相同的 VLAN-ID 数据，接收报文时加上 PVID，发送报文则去除此 PVID。

Hybrid 端口既可以连接计算机，也可以连接在交换机之间。Hybrid 端口连接到计算机时，都要在 Hybrid 命令后加上 untagged，因为计算机的网卡是不能接收带标签报文的。虽然 Hybrid 端口在声明时，只声明其属于某一个 VLAN，但如果在 Hybrid 命令 [SwitchA-Ethernet0/1]port hybrid vlan 20 30 100 untagged 后加上多个 VLAN-ID，则表明该 VLAN 可以和多个 VLAN-ID 的主机通信，和 Access 端口不同。这类似于将一个主机划分到多个 VLAN 中，或者更准确地讲，一个 VLAN 内主机可以和多个 VLAN 通信。当 Hybrid 端口用于交换机之间的连接时，则与 Trunk 端口的使用相同。

操作步骤

1. 任务准备

(1) 下载任务 14 原件包。

(2) 解压任务 14 原件包。

(3) 双击“任务 14 配置 Hybrid 端口(1).paper”，启动任务。

2. 任务操作

(1) 按拓扑图配置各 PC 接口地址，更改其名称

PC1、PC2、PC3 和 PC4 的配置如图 14-2～图 14-5 所示。

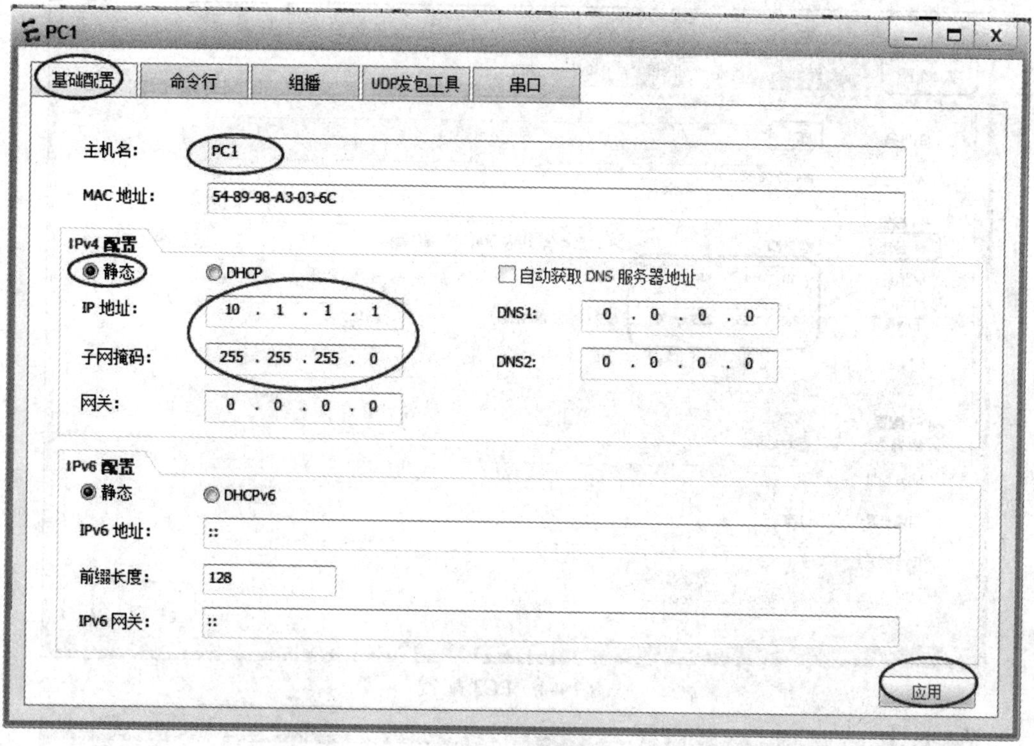

图 14-2 PC1 配置

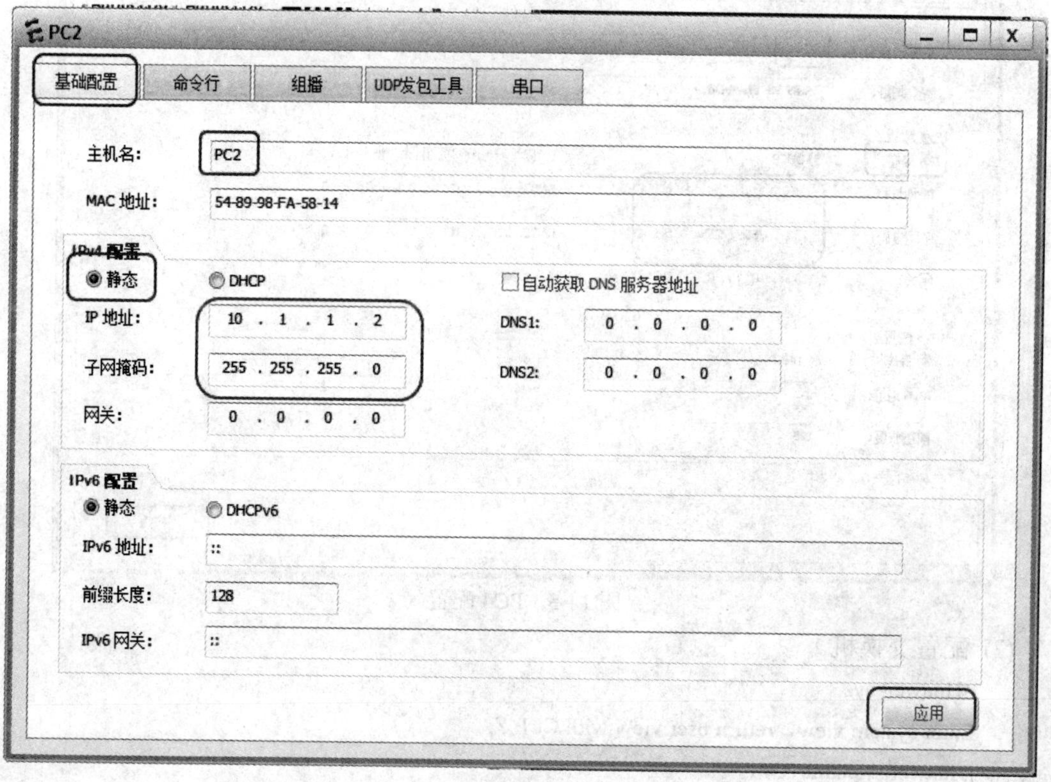

图 14-3 PC2 配置

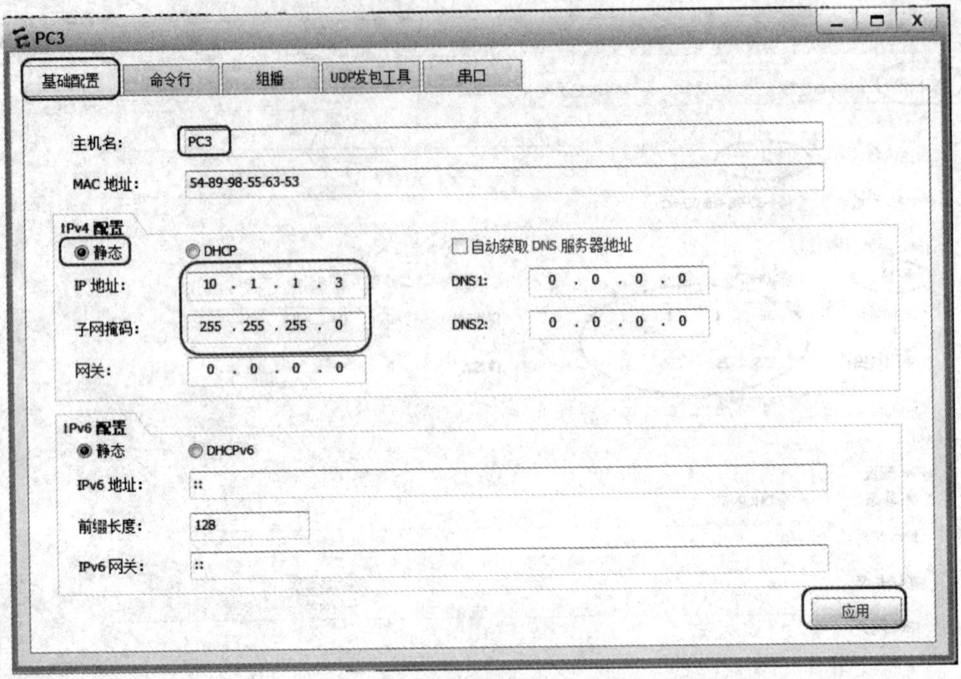

图 14-4　PC3 配置

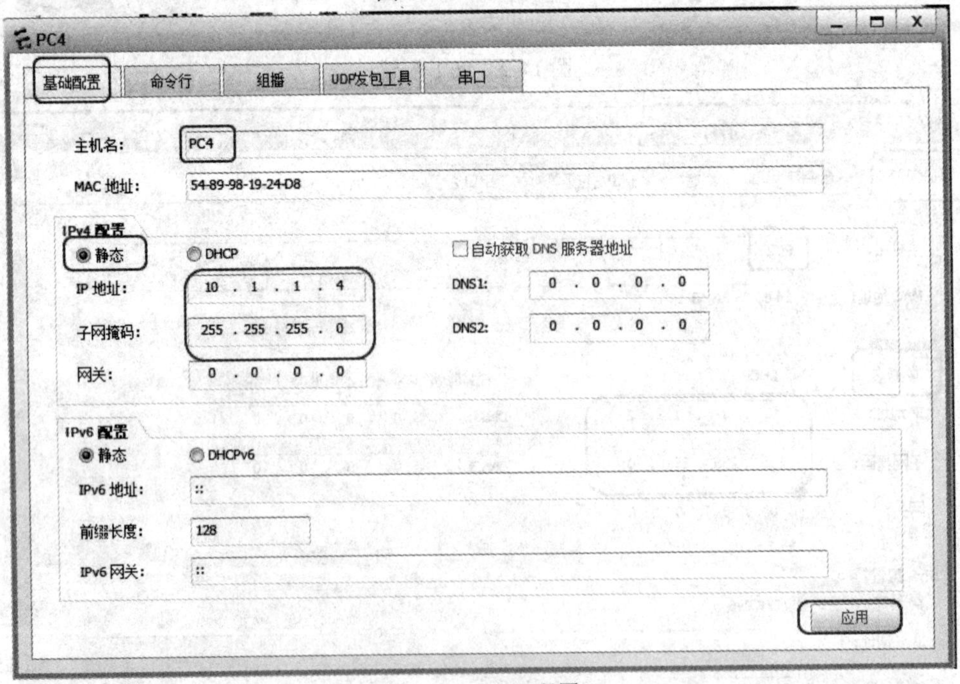

图 14-5　PC4 配置

(2) 配置交换机。

```
<Huawei>sys
Enter system view, return user view with Ctrl+Z.
[Huawei]sysname SW1
[SW1]vlan batch 10 20 30 40
```

```
[SW1]interface GigabitEthernet 0/0/1
[SW1-GigabitEthernet0/0/1]port hybrid pvid vlan 10
[SW1-GigabitEthernet0/0/1]port hybrid untagged vlan 10 20 30 40

[SW1]interface GigabitEthernet 0/0/2
[SW1-GigabitEthernet0/0/2]port hybrid pvid vlan 20
[SW1-GigabitEthernet0/0/2]port hybrid untagged vlan 10 20 30 40

[SW1]interface GigabitEthernet 0/0/3
[SW1-GigabitEthernet0/0/3]port hybrid pvid vlan 30
[SW1-GigabitEthernet0/0/3]port hybrid untagged vlan 10 20 30

[SW1]interface GigabitEthernet 0/0/4
[SW1-GigabitEthernet0/0/4]port hybrid pvid vlan 40
[SW1-GigabitEthernet0/0/4]port hybrid untagged vlan 10 20 40

[SW1-GigabitEthernet0/0/4]
<SW1>save
```

(3) 检测网络是否符合组网需求。

在 PC2 上 ping PC3，结果如图 14-6 所示。

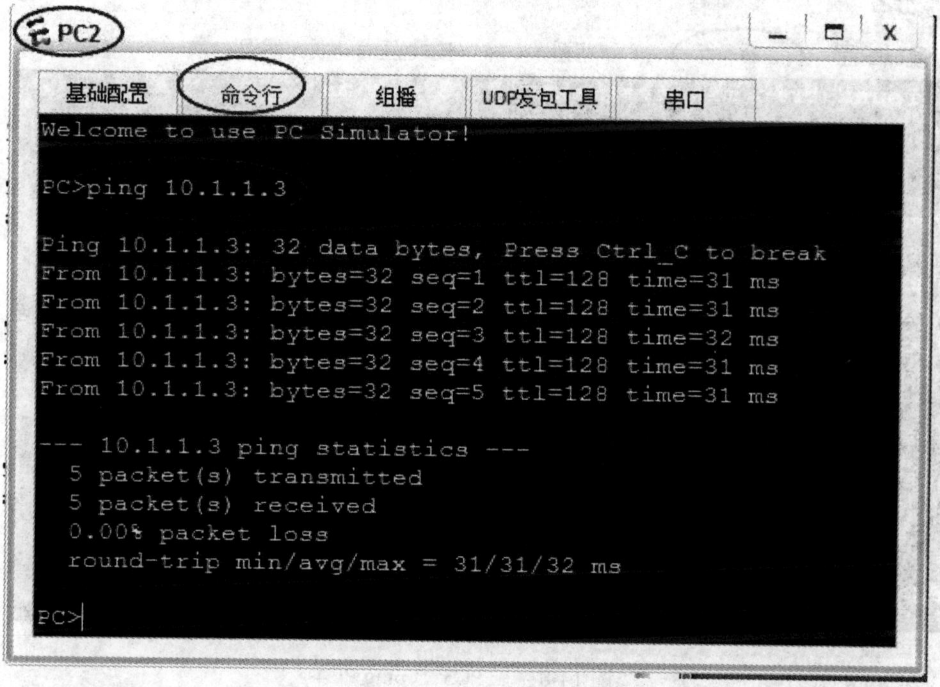

图 14-6　在 PC2 上 ping PC3

在 PC3 上 ping PC2，结果如图 14-7 所示。

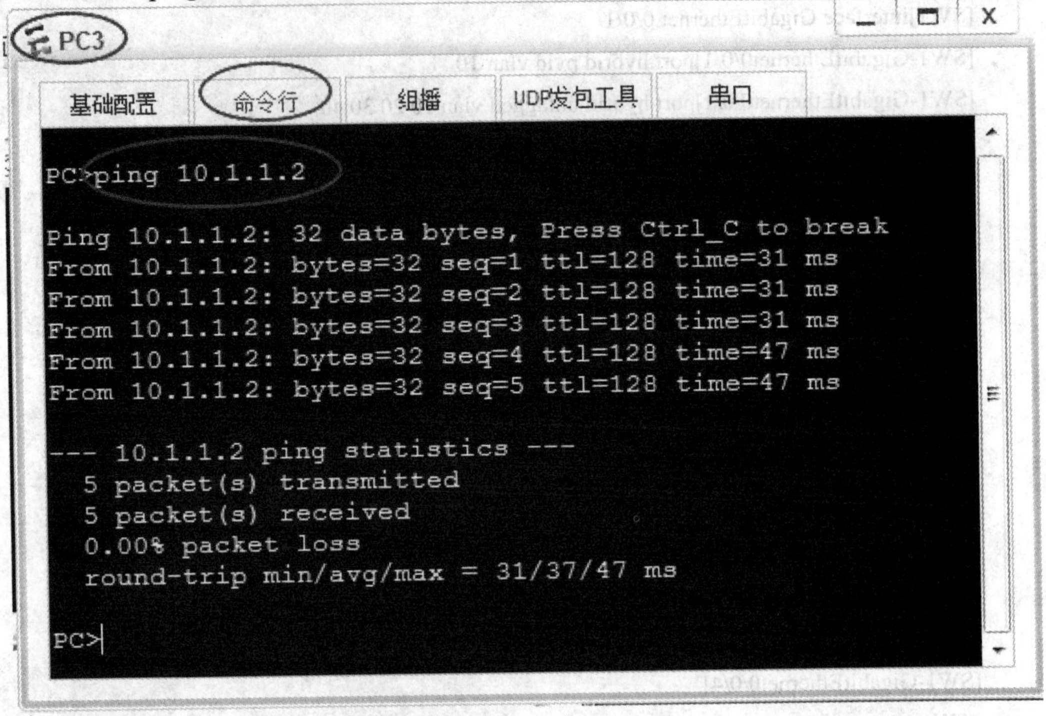

图 14-7　在 PC3 上 ping PC2

在 PC3 上 ping PC4，结果如图 14-8 所示。

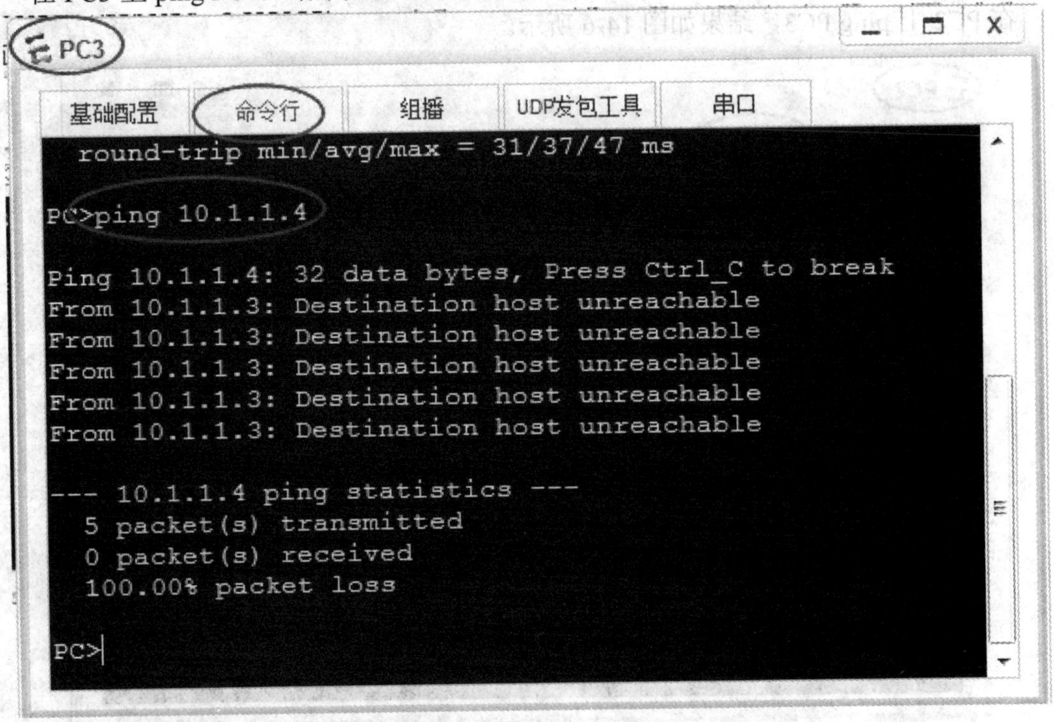

图 14-8　在 PC3 上 ping PC4

其余检测自己进行，此处省略。

3. 任务评价

(1) 下载任务 14 参考答案包。

(2) 解压任务 14 参考答案包。

(3) 重新启动 eNSP，依次选择“菜单”→“考试”→“阅卷”。在弹出的“阅卷”对话框中，在“标准答案文件路径”文本框中选择下载的“参考答案”文件夹中的文件，在“学生答案保存路径”文本框中选择交卷时的位置，再单击“阅卷”按钮，如图 0-9 所示，在弹出的对话框中选择“是”，即可看到阅卷结果。

4. 拓展知识

扫描下面的二维码即可在手机上阅读拓展知识。

任务 15　配置 Hybrid 端口(2)

任务拓扑

任务 15 拓扑如图 15-1 所示。

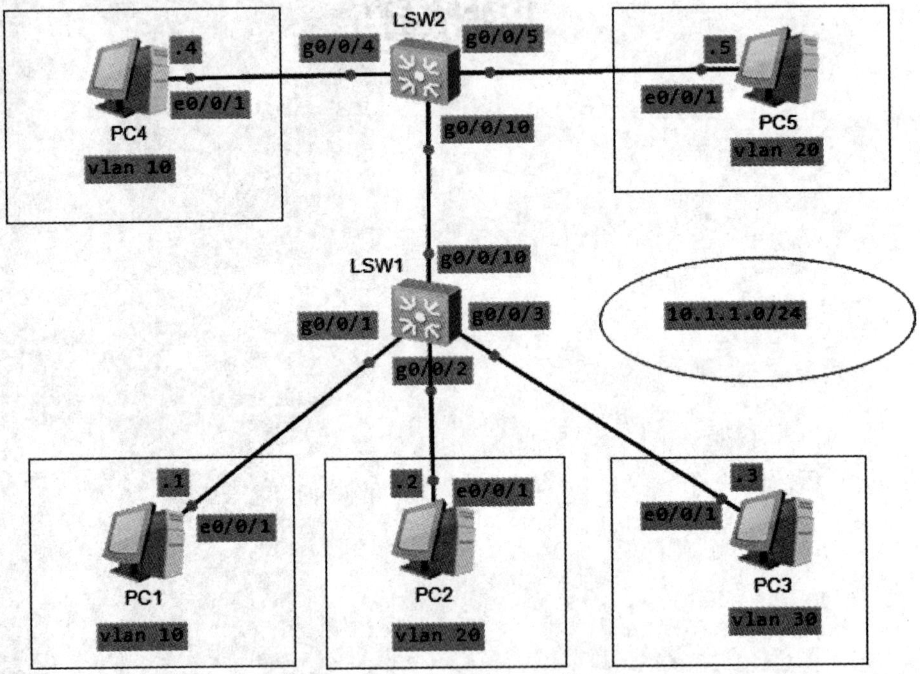

图 15-1　任务 15 拓扑

任务要求

(1) 按拓扑图配置各接口地址及更名。

(2) 配置交换机，使网络符合组网需求：

① PC1 和 PC3 之间可以互访。

② PC2 和 PC3 之间可以互访。

③ PC1 和 PC4 之间可以互访；PC1 和 PC4 在同一个 VLAN。

④ PC2 和 PC5 之间可以互访；PC2 和 PC5 在同一个 VLAN。

⑤ 其余 PC 之间均禁止互访。

(3) 检测网络是否符合组网需求。

任务目标

理解 Hybrid 类型接口及其应用场景。

操作步骤

1. 任务准备

(1) 下载任务 15 原件包。

(2) 解压任务 15 原件包。

(3) 双击“任务 15 配置 Hybrid 端口(2).paper”，启动任务。

2. 任务操作

(1) 按拓扑图配置 PC1 和 PC2 接口地址并更改其名称，如图 15-2 和图 15-3 所示。

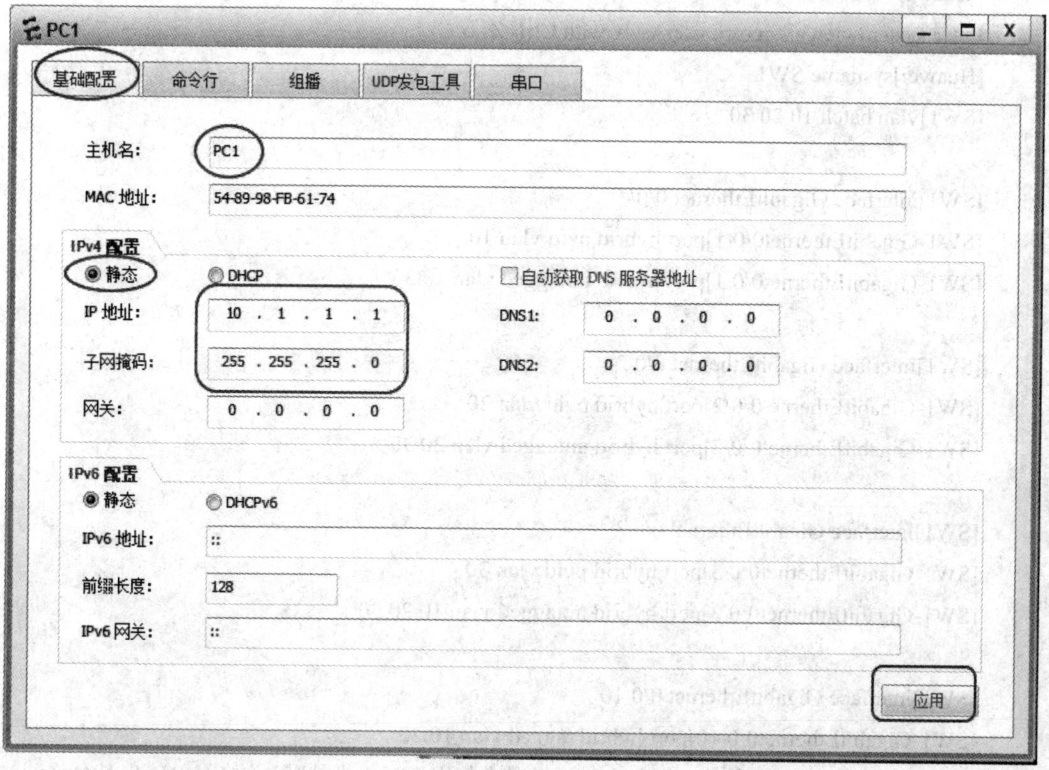

图 15-2　配置 PC1 及更名

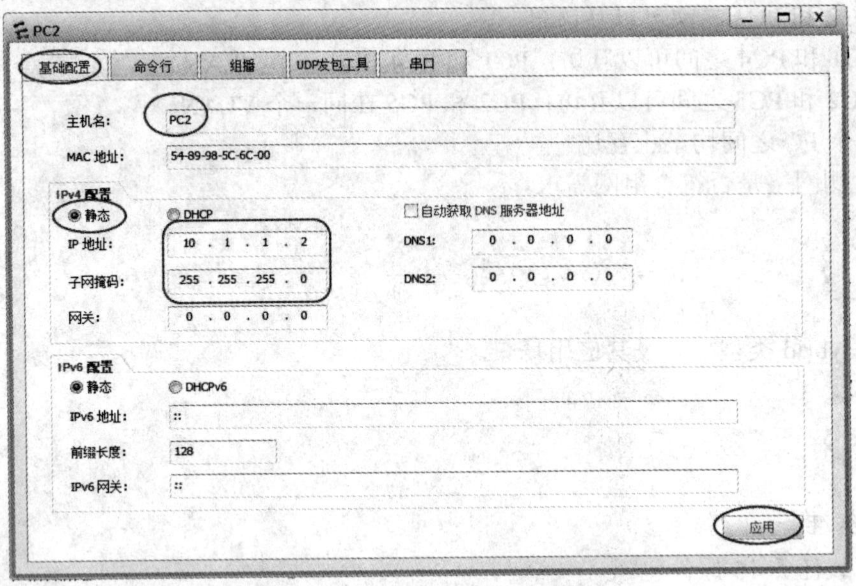

图 15-3　配置 PC2 及更名

其他 PC 配置方法相似，此处省略。

(2) 配置交换机。

在交换机 SW1 上配置：

```
<Huawei>sys
Enter system view,  return user view with Ctrl+Z.
[Huawei]sysname SW1
[SW1]vlan batch 10 20 30

[SW1]interface GigabitEthernet 0/0/1
[SW1-GigabitEthernet0/0/1]port hybrid pvid vlan 10
[SW1-GigabitEthernet0/0/1]port hybrid untagged vlan 10 30

[SW1]interface GigabitEthernet 0/0/2
[SW1-GigabitEthernet0/0/2]port hybrid pvid vlan 20
[SW1-GigabitEthernet0/0/2]port hybrid untagged vlan 20 30

[SW1]interface GigabitEthernet 0/0/3
[SW1-GigabitEthernet0/0/3]port hybrid pvid vlan 30
[SW1-GigabitEthernet0/0/3]port hybrid untagged vlan 10 20 30

[SW1]interface GigabitEthernet 0/0/10
[SW1-GigabitEthernet0/0/10]port hybrid tagged vlan 10 20
// 以上命令表示允许通过 VLAN 10 20，并且会打上标记，当然默认的 VLAN1 也是允许通过的
[SW1-GigabitEthernet0/0/10]
```

```
<SW1>save
```

在交换机 SW2 上配置：

```
<Huawei>sys
Enter system view， return user view with Ctrl+Z.
[Huawei]sysname SW2
[SW2]vlan batch 10 20

[SW2]interface GigabitEthernet 0/0/4
[SW2-GigabitEthernet0/0/4]port hybrid pvid vlan 10
[SW2-GigabitEthernet0/0/4]port hybrid untagged vlan 10

[SW2]interface GigabitEthernet 0/0/5
[SW2-GigabitEthernet0/0/5]port hybrid pvid vlan 20
[SW2-GigabitEthernet0/0/5]port hybrid untagged vlan 20

[SW2]interface GigabitEthernet 0/0/10
[SW2-GigabitEthernet0/0/10]port hybrid tagged vlan 10 20
```

// 以上命令表示允许通过 VLAN10 20，并且会打上标记，当然默认的 VLAN1 也是允许通过的

```
[SW2-GigabitEthernet0/0/10]
<SW2>save
```

(3) 检测网络是否符合组网需求。

在 PC1 上 ping PC3，效果如图 15-4 所示。

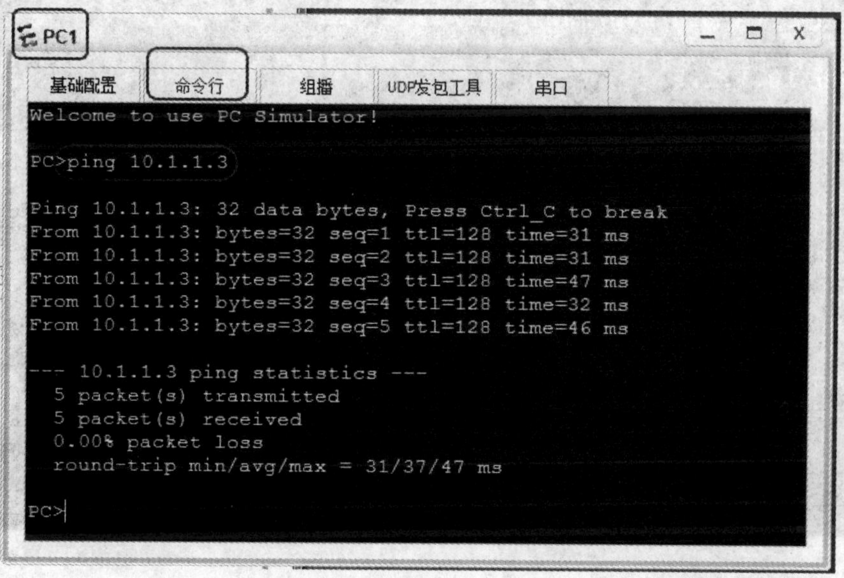

图 15-4　在 PC1 上 ping PC3

在 PC2 上 ping PC3，效果如图 15-5 所示。

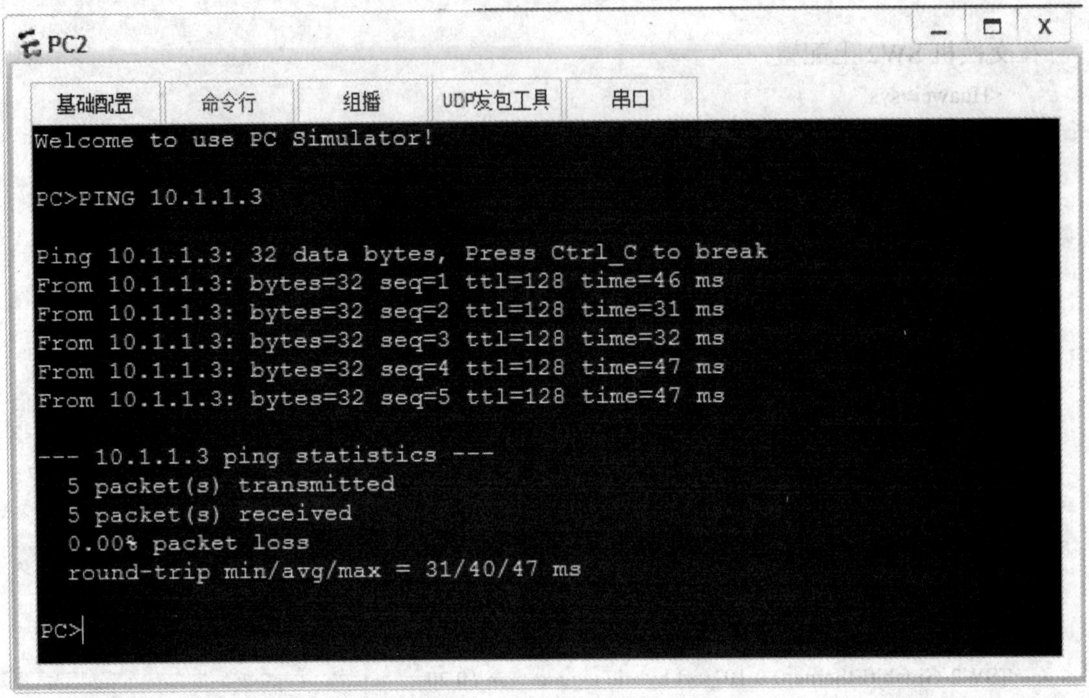

图 15-5　在 PC2 上 ping PC3

在 PC1 上 ping PC5，效果如图 15-6 所示。

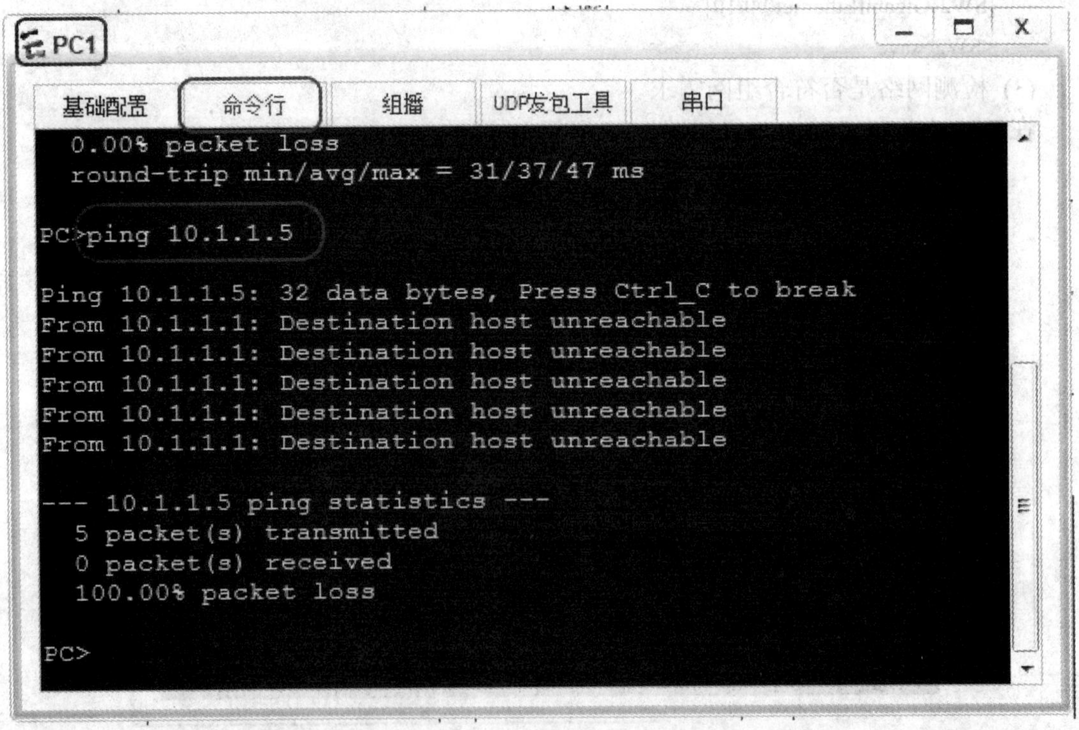

图 15-6　在 PC1 上 ping PC5

其他检测方法类似，此处不再赘述。

3. 任务评价

(1) 下载任务 15 参考答案包。

(2) 解压任务 15 参考答案包。

(3) 重新启动 eNSP，依次选择“菜单”→“考试”→“阅卷”。在弹出的“阅卷”对话框中，在“标准答案文件路径”文本框中选择下载的“参考答案”文件夹中的文件，在“学生答案保存路径”文本框中选择交卷时的位置，再单击“阅卷”按钮，如图 0-9 所示，在弹出的对话框中选择“是”，即可看到阅卷结果。

4. 拓展知识

扫描下面的二维码即可在手机上阅读拓展知识。

任务 16　GVRP

任务拓扑

任务 16 拓扑如图 16-1 所示。

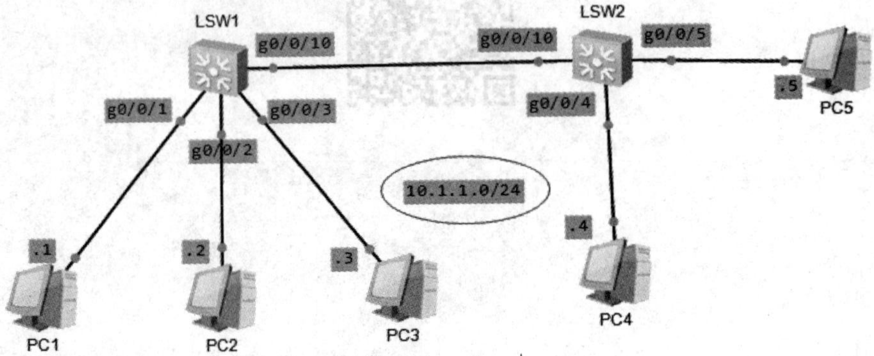

图 16-1　任务 16 拓扑

任务要求

(1) 按拓扑图配置各 PC 接口地址并更改其名称。
(2) 配置 SW1 与 SW2 之间的接口为 Trunk，并且允许所有 VLAN 通过。
(3) 启用交换机 SW1 与 SW2 的 GVRP 功能。
(4) 配置 SW1 的 G0/0/10 接口为 Fixed 模式。
(5) 配置 SW2 的 G0/0/10 接口为 Normal 模式。
(6) 在 SW1 上创建 VLAN10、100、200。
(7) 在 SW2 上查看 VLAN。
(8) 再次在 SW2 上创建一个 VLAN。
(9) 在 SW1 上查看是否学习到该 VLAN。

任务目标

(1) 理解 GVRP；

(2) 通过将 SW1 的 G0/0/10 接口配置为 Fixed 模式，SW2 的 G0/0/10 接口配置为 Normal 模式，使得 SW2 能够学习 SW1 的 VLAN 配置。

相关知识

GVRP(Garp VLAN Registration Protocol，Garp VLAN 注册协议)是 Garp(Generic Attribute Registration Protocol，通用属性注册协议)的一种应用。它基于 Grap 的工作机制，维护交换机中的 VLAN 拓扑动态注册信息，并传播该信息到其他的交换机中。GVRP 可以在网络中传播 VLAN 信息，提高了网络管理员配置 VLAN 的效率。

GVRP 有三种注册模式，分别定义如下：

Normal 模式：允许动态 VLAN 在端口上进行注册，同时会发送静态 VLAN 和动态 VLAN 的声明消息。

Fixed 模式：不允许动态 VLAN 在端口上注册，只发送静态 VLAN 的声明消息。

Forbidden 模式：不允许动态 VLAN 在端口上进行注册，同时删除端口上除 VLAN1 外的所有 VLAN，只发送 VLAN1 的声明消息。

操作步骤

1. 任务准备

(1) 下载任务 16 原件包。

(2) 解压任务 16 原件包。

(3) 双击“任务 16 GVRP.paper”，启动任务。

2. 任务操作

(1) 按拓扑图配置各 PC 接口地址并更改其名称。

PC1 的配置如图 16-2 所示。

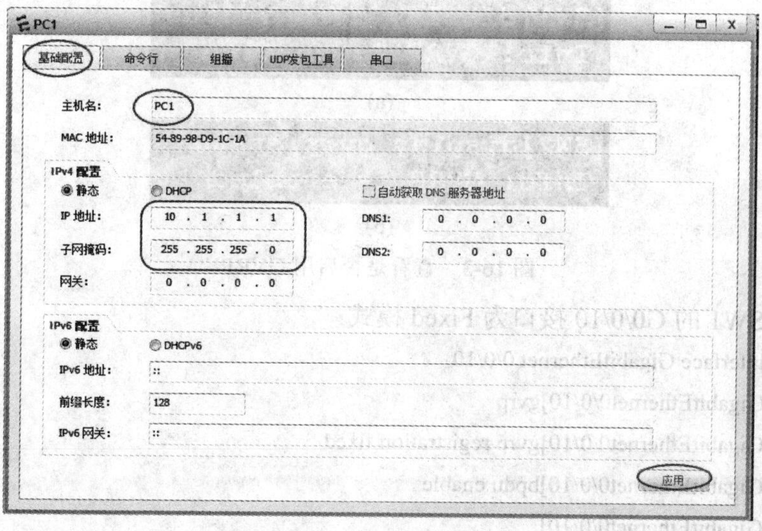

图 16-2　PC1 的配置

其他 PC 的配置方法与 PC1 相似，此处省略。

(2) 配置交换机。

① 配置 SW1 与 SW2 之间的接口为 Trunk，并且允许所有 VLAN 通过：

```
<Huawei>sys
Enter system view，return user view with Ctrl+Z.
[Huawei]sysname SW1

[SW1]interface GigabitEthernet 0/0/10
[SW1-GigabitEthernet0/0/10]port link-type trunk
[SW1-GigabitEthernet0/0/10]port trunk allow-pass vlan all
[SW1-GigabitEthernet0/0/10]
<SW1>save

<Huawei>sys
Enter system view， return user view with Ctrl+Z.
[Huawei]sysname SW2
[SW2]interface GigabitEthernet 0/0/10
[SW2-GigabitEthernet0/0/10]port link-type trunk
[SW2-GigabitEthernet0/0/10]port trunk allow-pass vlan all
[SW2-GigabitEthernet0/0/10]
<SW2>save
```

② 启用交换机的 GVRP 功能：

```
[SW1]gvrp
[SW2]gvrp
```

③ 查看是否启用了 GVRP，如图 16-3 所示：

```
[SW1]display gvrp status
 Info: GVRP is enabled
```

(a)

```
[SW2]display gvrp status
 Info: GVRP is enabled
```

(b)

图 16-3　查看是否启用 GVRP

④ 配置 SW1 的 G0/0/10 接口为 Fixed 模式：

```
[SW1]interface GigabitEthernet 0/0/10
[SW1-GigabitEthernet0/0/10]gvrp
[SW1-GigabitEthernet0/0/10]gvrp registration fixed
[SW1-GigabitEthernet0/0/10]bpdu enable
[SW1-GigabitEthernet0/0/10]
<SW1>save
```

⑤ 配置 SW2 的 G0/0/10 接口为 Normal 模式：

```
[SW2]interface GigabitEthernet 0/0/10
[SW2-GigabitEthernet0/0/10]gvrp
[SW2-GigabitEthernet0/0/10]gvrp registration normal
[SW2-GigabitEthernet0/0/10]bpdu enable
[SW2-GigabitEthernet0/0/10]
<SW2>save
```

⑥ 验证上述配置：

在 SW1 上执行 display gvrp statistics，查看 GVRP，效果如图 16-4 所示。

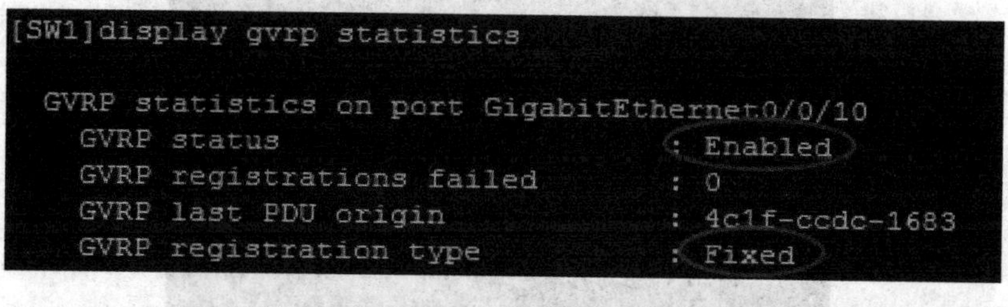

```
[SW1]display gvrp statistics

 GVRP statistics on port GigabitEthernet0/0/10
   GVRP status                          : Enabled
   GVRP registrations failed            : 0
   GVRP last PDU origin                 : 4c1f-ccdc-1683
   GVRP registration type               : Fixed
```

图 16-4 在 SW1 上查看 GVRP 状态

在 SW2 上执行 display gvrp statistics，查看 GVRP，效果如图 16-5 所示。

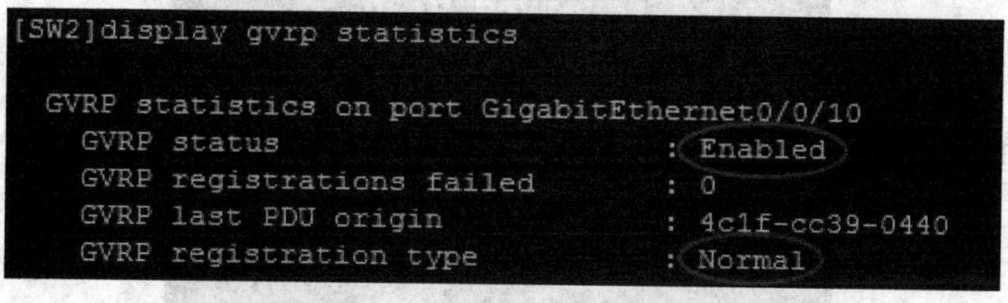

```
[SW2]display gvrp statistics

 GVRP statistics on port GigabitEthernet0/0/10
   GVRP status                          : Enabled
   GVRP registrations failed            : 0
   GVRP last PDU origin                 : 4c1f-cc39-0440
   GVRP registration type               : Normal
```

图 16-5 在 SW2 上查看 GVRP 状态

(3) 在 SW1 上创建 VLAN10、100、200。

```
[SW1]vlan batch 10 100 200
Info: This operation may take a few seconds. Please wait for a moment...done.
```

在 SW1 上查看 VLAN，效果如图 16-6 所示。

在 SW2 上查看 VLAN，效果如图 16-7 所示。

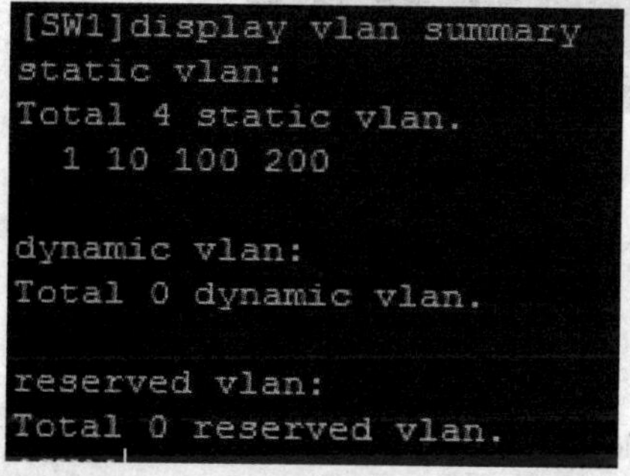

```
[SW1]display vlan summary
static vlan:
Total 4 static vlan.
  1 10 100 200

dynamic vlan:
Total 0 dynamic vlan.

reserved vlan:
Total 0 reserved vlan.
```

图 16-6 在 SW1 上查看 VLAN

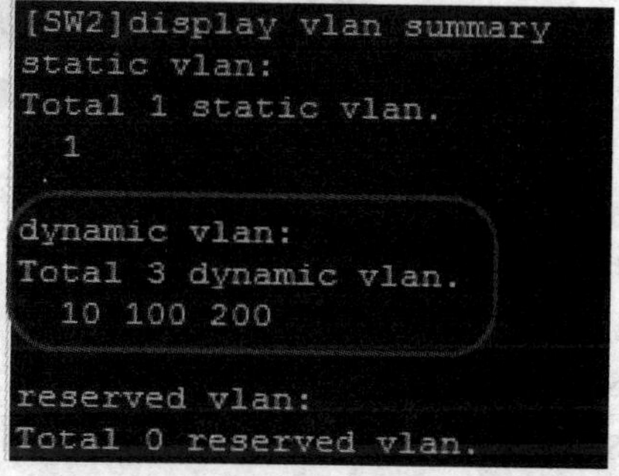

```
[SW2]display vlan summary
static vlan:
Total 1 static vlan.
  1

dynamic vlan:
Total 3 dynamic vlan.
  10 100 200

reserved vlan:
Total 0 reserved vlan.
```

图 16-7 在 SW2 上查看 VLAN

由图 16-6、图 16-7 可知，SW2 正常学习到了 SW1 的 VLAN。

(4) 再次在 SW2 上创建一个 VLAN。

```
[SW2]vlan 300
[SW2-vlan300]
[SW2-vlan300]quit
[SW2]
<SW2>save
```

在 SW2 上查看 VLAN，效果如图 16-8 所示。

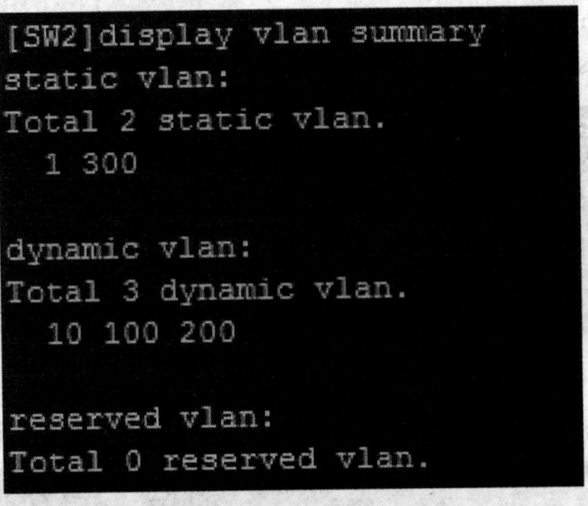

```
[SW2]display vlan summary
static vlan:
Total 2 static vlan.
  1 300

dynamic vlan:
Total 3 dynamic vlan.
  10 100 200

reserved vlan:
Total 0 reserved vlan.
```

图 16-8　在 SW2 上查看 VLAN

在 SW1 上查看是否学习到了 VLAN，如图 16-9 所示。

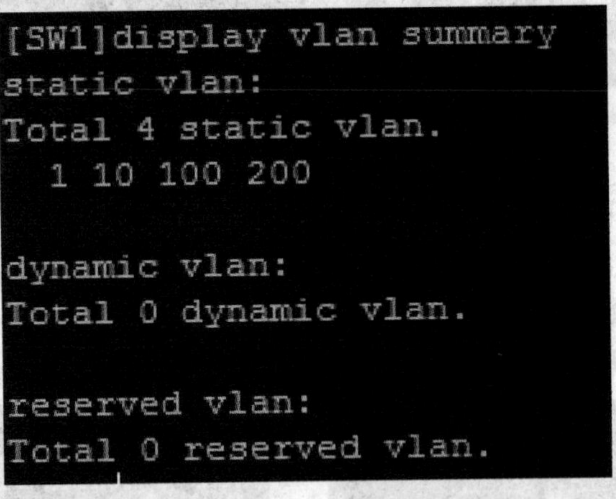

```
[SW1]display vlan summary
static vlan:
Total 4 static vlan.
  1 10 100 200

dynamic vlan:
Total 0 dynamic vlan.

reserved vlan:
Total 0 reserved vlan.
```

图 16-9　在 SW1 上查看 VLAN

由图 16-8、图 16-9 可知，SW1 并没有学习到 VLAN。

修改 SW1 的接口为 Normal 类型：

```
[SW1]int g0/0/10
[SW1-GigabitEthernet0/0/10]gvrp registration normal
[SW1-GigabitEthernet0/0/10]
<SW1>save
```

再次在 SW1 上查看 VLAN，发现 SW1 已经正常学习到了 VLAN，如图 16-10 所示。

```
[SW1]display vlan summary
static vlan:
Total 4 static vlan.
  1 10 100 200

dynamic vlan:
Total 1 dynamic vlan.
  300

reserved vlan:
Total 0 reserved vlan.
[SW1]
```

图 16-10　再次在 SW1 上查看 VLAN

3. 任务评价

(1) 下载任务 16 参考答案包。

(2) 解压任务 16 参考答案包。

(3) 重新启动 eNSP，依次选择“菜单”→“考试”→“阅卷”。在弹出的“阅卷”对话框中，在“标准答案文件路径”文本框中选择下载的“参考答案”文件夹中的文件，在“学生答案保存路径”文本框中选择交卷时的位置，再单击“阅卷”按钮，如图 0-9 所示，在弹出的对话框中选择“是”，即可看到阅卷结果。

4. 拓展知识

扫描下面的二维码即可在手机上阅读拓展知识。

任务 17　MUX VLAN

任务拓扑

任务 17 拓扑如图 17-1 所示。

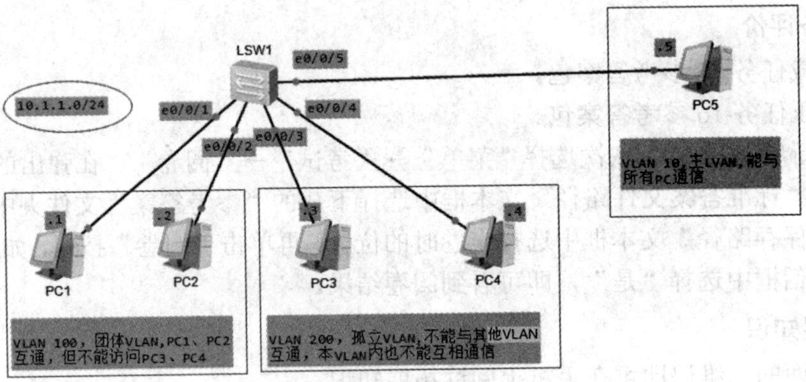

图 17-1　任务 17 拓扑

任务要求

(1) 按拓扑图配置各接口地址并更改其名称。

(2) 配置 SW1 与 SW2 之间的接口为 Trunk，并且允许所有 VLAN 通过。

(3) 启用交换机 SW1 与 SW2 的 MUX VLAN 功能，配置网络使其符合如下要求：

① 所有 PC 均可和 PC5 通信，PC5 属于主 VLAN。

② PC3 和 PC4 不能和其他 VLAN 通信，同时也不能互相通信，PC3 和 PC4 属于孤立 VLAN。

③ PC1 与 PC2 相互之间可以通信，但不能访问 PC3、PC4。PC1 和 PC2 属于团体 VLAN。

(4) 检测网络的连通性，看是否符合网络要求。

任务目标

(1) 理解 MUX VLAN；

(2) 将 VLAN10 配置为 MUX VLAN 的主 VLAN，VLAN 100 和 200 配置为从 VLAN；

(3) 通过配置各 PC 与交换机相连接口的类型，实现以上任务要求。

相关知识

MUX VLAN(Multiplex VLAN)：提供一种在 VLAN 内的端口间进行二层流量隔离的机制。MUX VLAN 可以实现处于相同网段的设备划入不同 VLAN 后，虽然二层通信是隔离的，但是还可以和同一个指定 VLAN 通信，并且实现禁止相同 VLAN 内不同设备之间的通信，这等同于 CISCO 的私有 VLAN。

在企业网络中，企业员工和企业客户可以访问企业的服务器。对于企业来说，希望企业内部员工之间可以互相交流，而企业和客户之间是隔离的，不能互相访问。通过 MUX VLAN 提供的二层流量隔离的机制可以实现企业内部员工之间互相交流，而企业和客户之间是隔离的。

操作步骤

1. 任务准备

(1) 下载任务 17 原件包。

(2) 解压任务 17 原件包。

(3) 双击“任务 17 MUX VLAN.paper”，启动任务。

2. 任务操作

(1) 按拓扑图配置各接口地址并更改其名称。

PC1 的配置如图 17-2 所示。

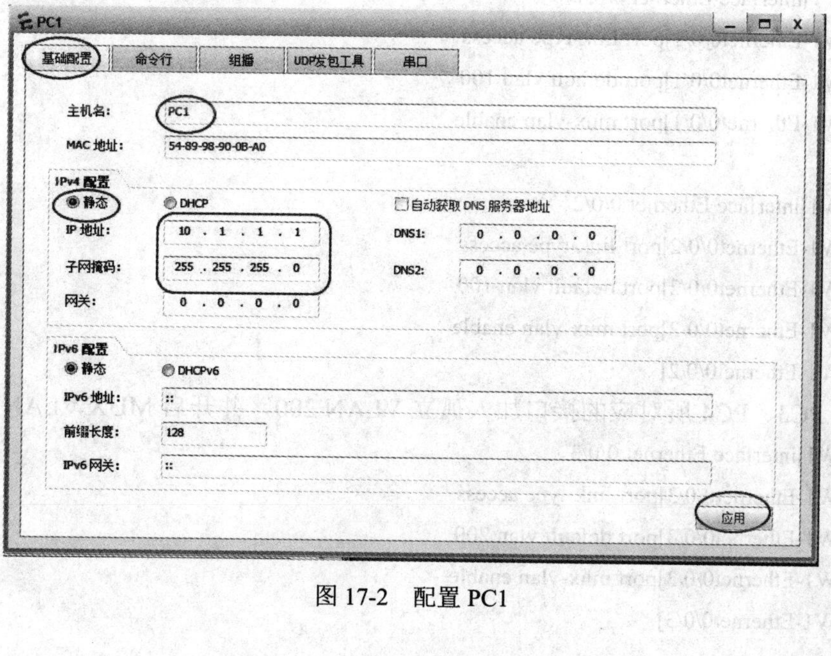

图 17-2　配置 PC1

其他 PC 的配置方法与 PC1 类似，此处省略。

(2) 配置交换机。

① 配置 SW1。

```
<Huawei>sys
Enter system view,  return user view with Ctrl+Z.
[Huawei]sysname SW1
[SW1]vlan batch 10 100 200
[SW1]vlan 10
[SW1-vlan10]mux-vlan
[SW1-vlan10]subordinate group 100
[SW1-vlan10]subordinate separate 200
[SW1-vlan10]quit
[SW1]

//Subordinate [səˈbɔ:dɪnət]下级，下属
//Separate [ˈseprət]分离，隔开
```

② 将 PC5 连接的接口划入 VLAN 10，并开启 MUX VLAN 功能。

```
[SW1]interface Ethernet 0/0/5
[SW1-Ethernet0/0/5]port link-type access
[SW1-Ethernet0/0/5]port default vlan 10
[SW1-Ethernet0/0/5]port mux-vlan enable
[SW1-Ethernet0/0/5]
```

③ 将 PC1、PC2 所对应的接口加入团体 VLAN 100，并开启 MUX VLAN 功能。

```
[SW1]interface Ethernet 0/0/1
[SW1-Ethernet0/0/1]port link-type access
[SW1-Ethernet0/0/1]port default vlan 100
[SW1-Ethernet0/0/1]port mux-vlan enable

[SW1]interface Ethernet 0/0/2
[SW1-Ethernet0/0/2]port link-type access
[SW1-Ethernet0/0/2]port default vlan 100
[SW1-Ethernet0/0/2]port mux-vlan enable
[SW1-Ethernet0/0/2]
```

④ 将 PC3、PC4 所对应的接口加入孤立 VLAN 200，并开启 MUX VLAN 功能。

```
[SW1]interface Ethernet 0/0/3
[SW1-Ethernet0/0/3]port link-type access
[SW1-Ethernet0/0/3]port default vlan 200
[SW1-Ethernet0/0/3]port mux-vlan enable
[SW1-Ethernet0/0/3]
```

```
[SW1]interface Ethernet 0/0/4
[SW1-Ethernet0/0/4]port link-type access
[SW1-Ethernet0/0/4]port default vlan 200
[SW1-thernet0/0/4]port mux-vlan enable
[SW1-Ethernet0/0/4]
<SW1>save
```

⑤ 查看配置结果：

```
[SW1]display mux-vlan
```

查看 VLAN 配置效果，如图 17-3 所示。

```
[SW1]display mux-vlan
Principal Subordinate Type         Interface
--------------------------------------------------------------------------
10        -           principal    Ethernet0/0/5
10        200         separate     Ethernet0/0/3 Ethernet0/0/4
10        100         group        Ethernet0/0/1 Ethernet0/0/2
--------------------------------------------------------------------------
```

图 17-3　查看 VLAN 配置效果

⑥ 检测：在 PC1 上 ping PC2(通)，效果如图 17-4 所示。

```
PC1
基础配置 | 命令行 | 组播 | UDP发包工具 | 串口

Welcome to use PC Simulator!

PC>ping 1 10.1.1.2
Bad argument: 10.1.1.2

PC>ping 10.1.1.2

Ping 10.1.1.2: 32 data bytes, Press Ctrl_C to break
From 10.1.1.2: bytes=32 seq=1 ttl=128 time=31 ms
From 10.1.1.2: bytes=32 seq=2 ttl=128 time=47 ms
From 10.1.1.2: bytes=32 seq=3 ttl=128 time=32 ms
From 10.1.1.2: bytes=32 seq=4 ttl=128 time=47 ms
From 10.1.1.2: bytes=32 seq=5 ttl=128 time=31 ms

--- 10.1.1.2 ping statistics ---
  5 packet(s) transmitted
  5 packet(s) received
  0.00% packet loss
  round-trip min/avg/max = 31/37/47 ms

PC>
```

图 17-4　在 PC1 上 ping PC2

在 PC1 上 ping PC3(不通)，效果如图 17-5 所示。

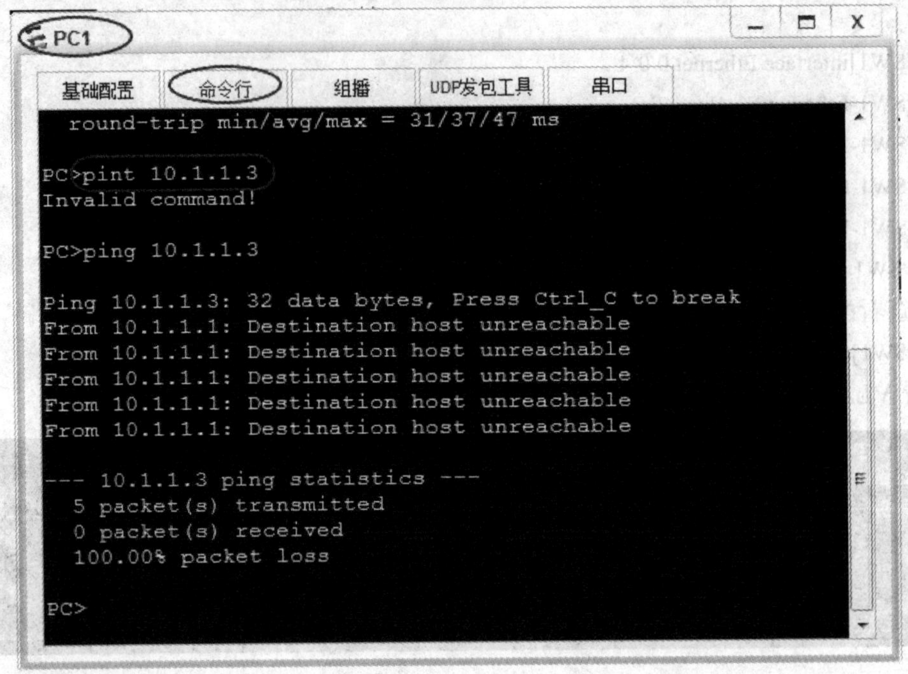

图 17-5　在 PC1 上 ping PC3

其他检测效果如下：

在 PC1 上 ping PC4(不通)；

在 PC1 上 ping PC5(通)；

在 PC3 上 ping PC1(不通)；

在 PC3 上 ping PC2(不通)；

在 PC3 上 ping PC4(不通)；

在 PC3 上 ping PC5(通)。

3. 任务评价

(1) 下载任务 17 参考答案包。

(2) 解压任务 17 参考答案包。

(3) 重新启动 eNSP，依次选择“菜单”→“考试”→“阅卷”。在弹出的“阅卷”对话框中，在“标准答案文件路径”文本框中选择下载的“参考答案”文件夹中的文件，在“学生答案保存路径”文本框中选择交卷时的位置，再单击“阅卷”按钮，如图 0-9 所示，在弹出的对话框中选择“是”，即可看到阅卷结果。

4. 拓展知识

扫描下面的二维码即可在手机上阅读拓展知识。

任务 18　配置 STP、RSPT、MSTP

任务拓扑

任务 18 拓扑如图 18-1 所示。

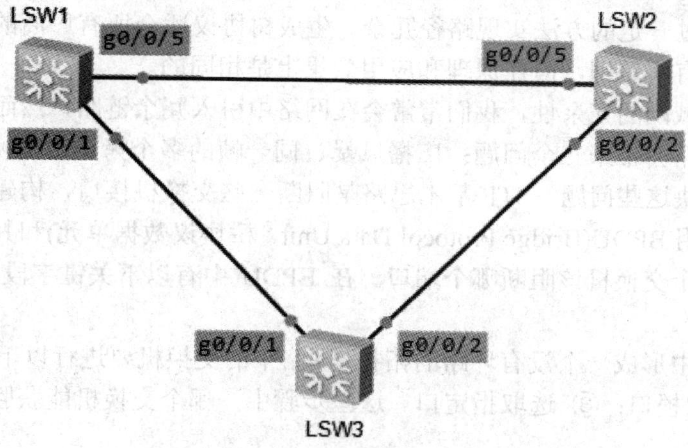

图 18-1　任务 18 拓扑

任务要求

(1) 按拓扑图更改各设备的名称。
(2) 配置 STP。
(3) 通过控制优先级的方式控制 SW1 为网络的根，配置 SW1 为主根、SW2 为备份根。
(4) 将 SW1、SW2、SW3 配置为 RSTP。
(5) 配置 MSTP：
① 创建 20 个 VLAN(11～30)。
② 配置三条链路为 Trunk，并且允许所有 VLAN 通过。
③ 配置 MST。
④ 确定实例 1 的根为 SW1，备份根为 SW2；实例 2 的根为 SW2，备份根为 SW1。
⑤ 查看 SW3 信息。

任务目标

(1) 了解 STP、RSTP 与 MSTP；
(2) 掌握修改网桥优先级影响根网桥选举的方法；
(3) 掌握影响根端口和指定端口选举的方法；
(4) 掌握配置 RSTP 的方法以及 STP 与 RSTP 的兼容问题；
(5) 掌握配置 MSTP 实现不同 VLAN 负载均衡的方法。

相关知识

1. 基本 STP

STP(Spanning Tree Protocol，生成树协议)用于在网络中建立树形拓扑，消除网络中的环路，还可以通过一定的方法实现路径冗余。生成树协议适合所有厂商的网络设备，尽管在配置和功能上有所差别，但在原理和应用效果上是相同的。

为了增加局域网的冗余性，我们常常会在网络中引入冗余链路，然而这样做会引起交换环路。交换环路会带来三个问题：广播风暴、同一帧的多个拷贝、交换机 CAM 表不稳定。STP 可以解决这些问题。STP 基本思路是阻断一些交换机接口，构建一棵没有环路的转发树。STP 利用 BPDU(Bridge Protocol Data Unit，桥协议数据单元)和其他交换机进行通信，从而确定哪个交换机该阻断哪个端口。在 BPDU 中有以下关键字段：根桥 ID、路径代价、端口 ID 等。

为了在网络中形成一个没有环路的拓扑，网络中的交换机要进行以下三个步骤：① 选取根桥；② 选取根口；③ 选取指定口。这些步骤中，哪个交换机能获胜将取决于以下因素(按顺序进行)：

(1) 最低的根桥 ID。
(2) 最低的根路径代价。
(3) 最低发送者桥 ID。
(4) 最低发送者端口 ID。

每个交换机都具有唯一的桥 ID，这个桥 ID 由两部分组成：网桥优先级和 MAC 地址。网桥优先级是一个 2 个字节的数，交换机的默认优先级为 32768；MAC 地址就是交换机的 MAC 地址。具有最低桥 ID 的交换机就是根桥。根桥上的接口都是指定口，会转发数据包。

选出了根桥后，其他的交换机就成为了非根桥。每台非根桥需选出一条到根桥的根路径。STP 使用路径 Cost 来决定到达根桥的最佳路径(Cost 是累加的，带宽大的链路 Cost 低)，最低 Cost 值的路径就是根路径，该接口就是根口；如果 Cost 值一样，就根据选取顺序选取根口。根口用来转发数据包。

交换机的其他端口还要确定是指定口还是阻断口，交换机之间将进一步根据上述四个因素来竞争。指定口用来转发数据帧；其余端口将被阻断，不能用来转发数据包。这样网络就构建出一棵没有环路的转发树。

当网络的拓扑发生变化时，网络会从一个状态向另一个状态过渡，重新启用或阻断某些端口。交换机的端口具有五种状态：禁用(Disable)状态、阻塞(Blocking)状态、监听(Listening)状态、学习(Learning)状态、转发(Forwarding)状态。

2. PVST

当网络上有多个 VLAN 时，PVST(Per-VLAN Spanning Tree，每个 VLAN 生成树)会为每个 VLAN 构建一棵 STP 树。这样做的优点是可以独立控制每个 VLAN 中的哪些接口要转发数据，从而实现负载平衡；缺点是如果 VLAN 数量很多，会给交换机带来沉重的负担。

3. RSTP

RSTP(Rapid Spanning Tree Protocol，快速生成树协议)在网络结构发生变化时，能更快地收敛网络。它比 802.1d 协议多了两种端口类型：预备端口类型和备份端口类型。

RSTP 实际上是把减少 STP 收敛时间的一些措施融合在 STP 协议中，形成了新的协议。在 RSTP 中，端口的用途有：根口、指定口、备份口(Backup Interface)、替代口(Alternate Interface)；端口的状态有：丢弃(Discarding)状态、学习(Learning)状态、转发(Forwarding)状态；端口还分为边界端口(Edge Port)、点到点端口(Point-to-Point Port)、共享端口(Share Port)。

4. MSTP

在 PVST 中，交换机为每个 VLAN 都构建一棵 STP 树，不仅会给 CPU 带来很大负担，也会占用大量的带宽。MSTP(Multiple Spanning Tree Protocol，多生成树协议)则是把多个 VLAN 映射到一个 STP 实例上，从而减少了 STP 实例。MSTP 可以和 STP、PVST 配合使用。对于运行 STP、PVST 的交换机来说，一个 MSTP 域相当于一台交换机。

5. STP 防护

STP 协议中没有对交换机身份进行认证的措施。如果在稳定的网络中接入非法的交换机，将可能给网络中的 STP 树带来灾难性的破坏。可采用一些简单的措施来保护网络，尽管保护作用很有限。例如，Root Guard 特性使交换机的端口拒绝接收比原有根桥优先级更高的 BPDU(Bridge Protocol Data Unit，网桥协议数据单元)；BPDU Guard 主要是和 portfast 特性配合使用，BPDU Guard 可以使得 portfast 接口一旦接收到 BPDU 就关闭该接口。portfast 使端口一旦接入计算机就立即进入转发状态，然而若是这个接口接入的是交换机则很可能造成环路。

操作步骤

1. 任务准备

(1) 下载任务 18 原件包。

(2) 解压任务 18 原件包。

(3) 双击“任务 18 配置 STP、RSPT、MSTP.paper”，启动任务。

2. 任务操作

(1) 按拓扑图更改各设备的名称。

① 在 LSW1 上更改设备名称，如图 18-2 所示。

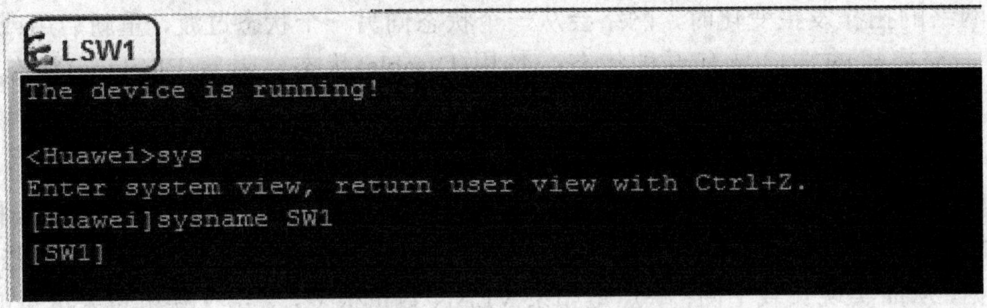

图 18-2　在 LSW1 上更改设备名称

② 在 LSW2 上更改设备名称，如图 18-3 所示。

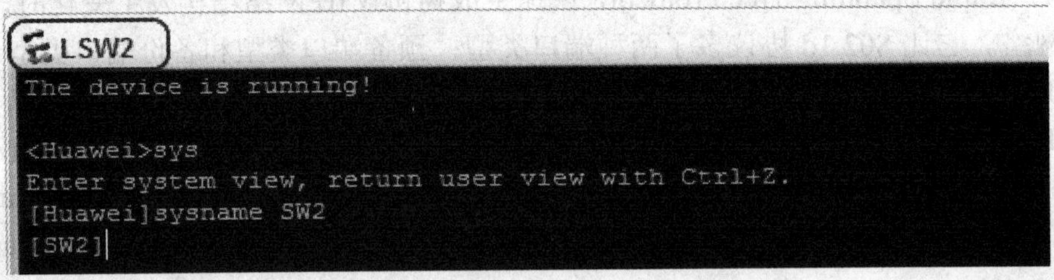

图 18-3　在 LSW2 上更改设备名称

③ 在 LSW3 上更改设备名称，如图 18-4 所示。

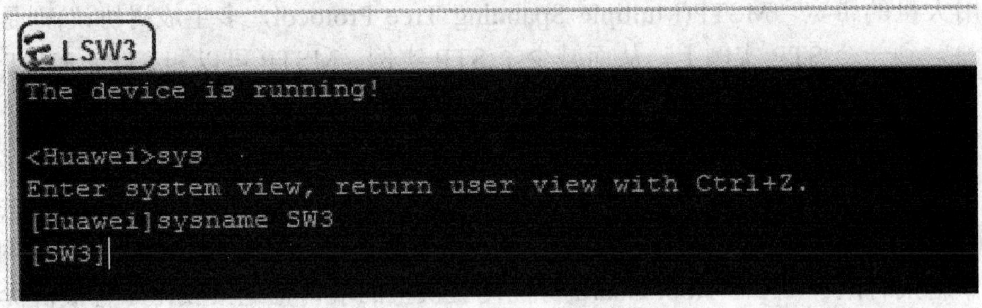

图 18-4　在 LSW3 上更改设备名称

(2) 配置 STP。

```
[SW1]stp enable
[SW1]stp mode stp
[SW1]quit
<SW1>save

[SW2]stp enable
[SW2]stp mode stp
[SW2]quit
<SW2>save

[SW3]stp enable
[SW3]stp mode stp
[SW3]quit
```

<SW3>save

(3) 查看 STP 状态信息。

在 LSW1 上执行 display stp，查看 STP 状态信息，如图 18-5 所示。

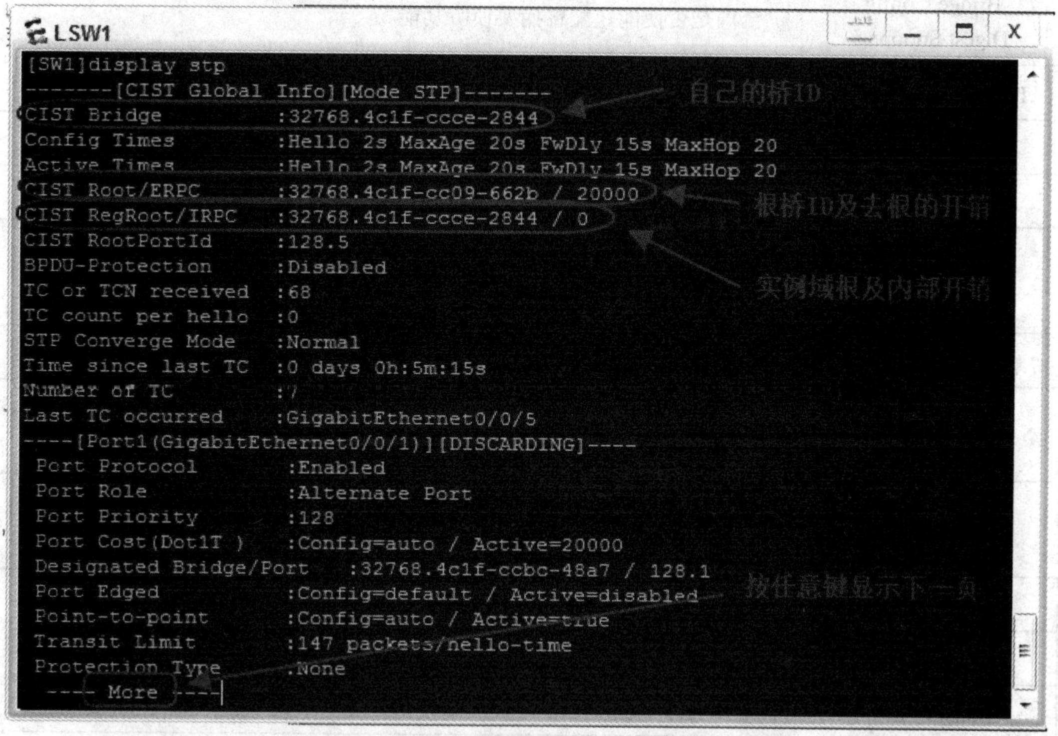

图 18-5　查看 STP 状态信息

Display stp 命令的具体信息描述见表 18-1。

表 18-1　Display stp 命令的具体信息描述

字　段	描　　述
CIST Bridge	CIST 实例上网桥 ID
Bridge Times	网桥相关的主要参数值，包括： Hello：Hello time 定时器值； MaxAge：MaxAge 定时器值； FwDly：Forward Delay 定时器值； MaxHop：MST 域的最大跳数
CIST Root/ERPC	CIST 实例总根以及外部路径开销
CIST RegRoot/RPC	CIST 实例域根以及内部路径开销
CIST RootPortid	CIST 根端口的端口 ID
BPDU-Protection	全局是否使能 BPDU 保护功能
TC-Protection*** /Threshold=**	全局是否使能，防止 TC-BPDU 报文攻击功能，并显示交换机 10 秒内删除 MAC 地址表和 ARP 表项的次数

续表

字　段	描　述
Bridge Config Digest Snoopng	全局是否使能，配置摘要侦听功能
TC or TCN received	实例收到的 TC 及 TCN 报文数
Time since last TC	实例最近一次拓扑变化时间
Port Protocol	端口是否使能 STP 协议
Port Role	端口角色，和生成树实例相对应，具体用途包括：Alternate、Backup、Root、Designated、Master、Disabled
Port Priority	端口优先级
Port Cost(Legacy)	端口的路径开销，括号中的 Legacy 表示当前设备的路径开销的计算方法：dot1d-1998 和 dot1t；Config 表示配置值；Active 表示实际值
Desg Bridge/Port	端口的指定桥 ID 和端口 ID(对于不支持端口优先级的端口，这里显示的端口 ID 没有意义)
Port Edged	端口是否为边缘端口：Config 表示配置值；Active 表示实际值
Point-to-port	端口是否与点对点链路相连：Config 表示配置值；Active 表示实际值
Transmit Limit	端口每个 Hello Time 时间间隔发送报文的上限
Protection Type	端口遇到异常情况启动保护的类型，包括 Root、Loop
MSTP BPDU format	端口发送 MSTP 报文的格式，可为 legacy、802.1s：Config 表示配置值；Active 表示实际值
Port Config Digest Snooping	端口是否使能配置摘要侦听功能
Num of Vlans Mapped	端口在当前实例中的 VLAN 计数
Port Times	端口相关的主要参数值，包括： Hello：Hello time 定时器值； MaxAge：MaxAge 定时器值； FwDly：Forward delay 定时器值； MsgAge：Message Age 定时器值； Remain Hop：剩余跳数
BPDU Sent	设备开启 MSTP 功能后端口累计发送报文计数
BPDU Received	设备开启 MSTP 功能后端口累计接收报文计数

在 LSW2 上执行 display stp，查看 STP 状态信息，如图 18-6 所示。

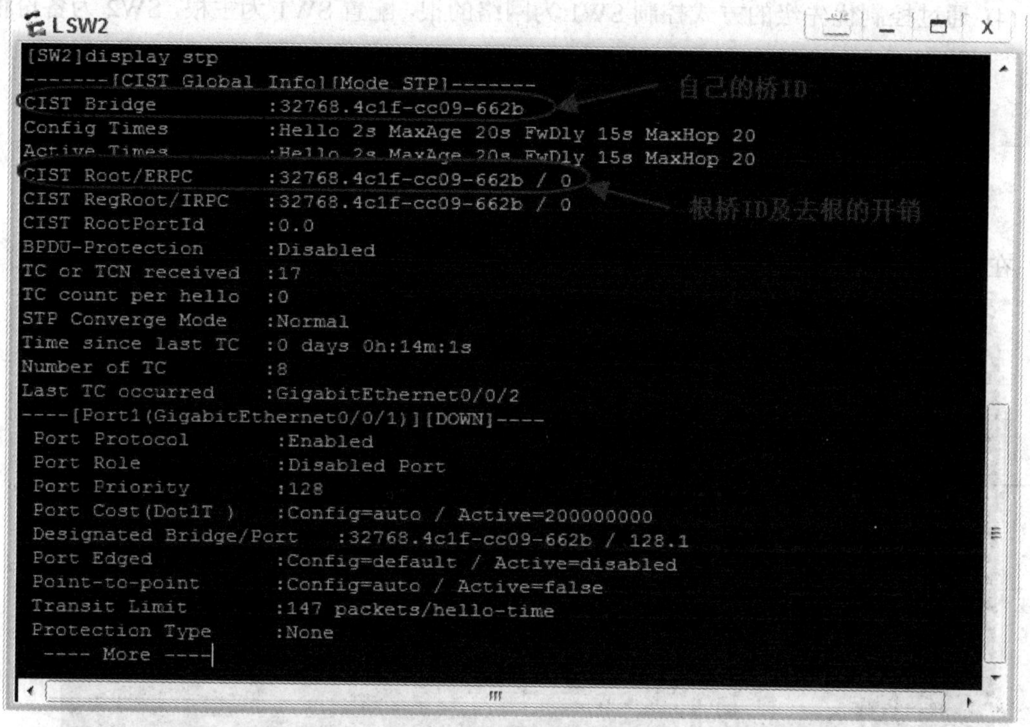

图 18-6　查看 STP 状态信息

由图 18-6 可知，SW2 默认为根桥，因为 SW2 的 MAC 地址最小。

由于 SW2 为根桥，因此 SW2 上的所有端口均为指定端口。查看 SW2 端口状态，如图 18-7 所示。

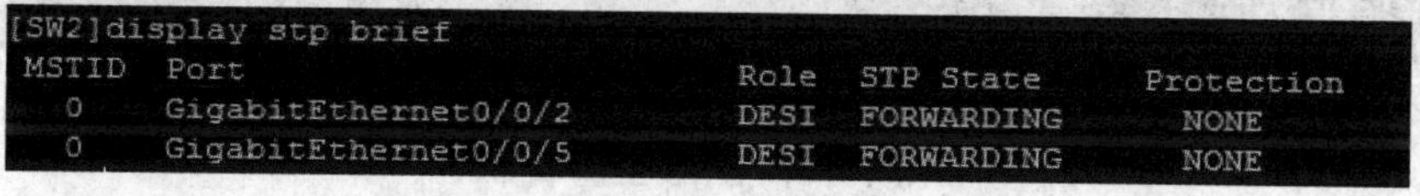

图 18-7　在 SW2 查看端口状态

在 SW1 上查看端口状态，如图 18-8 所示。

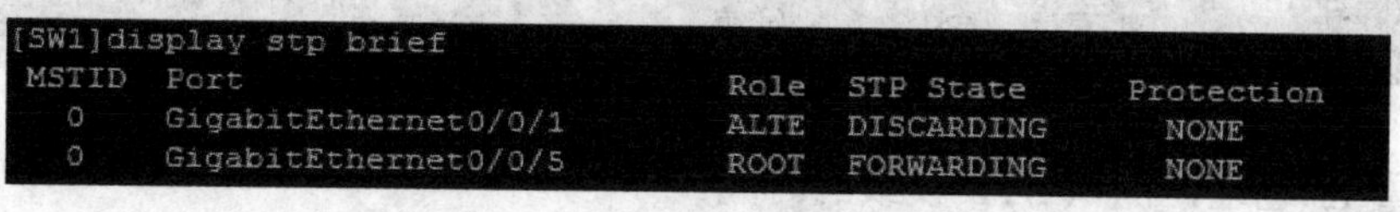

图 18-8　在 SW1 查看端口状态

由图 18-8 可知，SW1 的 G0/0/5 端口为根端口，因为这个端口离根的 Cost 值是最低的。

再次查看 SW3 端口状态，如图 18-9 所示。

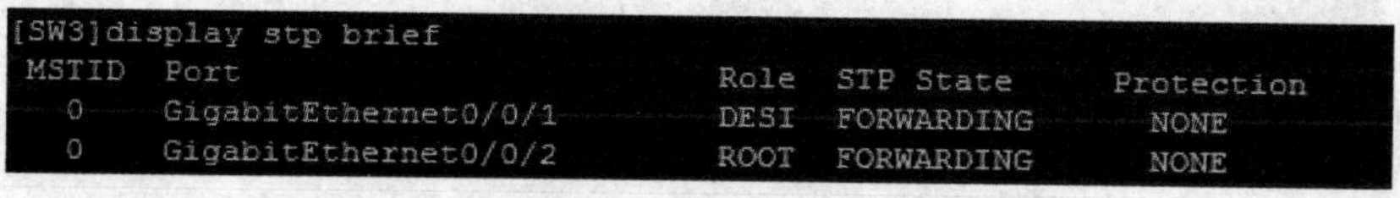

图 18-9　再次 SW3 端口状态

由图 18-9 可知，SW3 的根端口同样直连 SW2 的端口 G0/0/2，而在 SW3 与 SW1 之间的链路中，SW3 的 G0/0/1 被选为指定端口。

(4) 通过控制优先级的方式控制 SW1 为网络的根，配置 SW1 为主根，SW2 为备份根。

```
[SW1]stp priority 4096
<SW1>save

[SW2]stp priority 8192
<SW2>save
```

在 SW3 上查看 STP 和 STP bridf 状态信息，如图 18-10、图 18-11 所示。

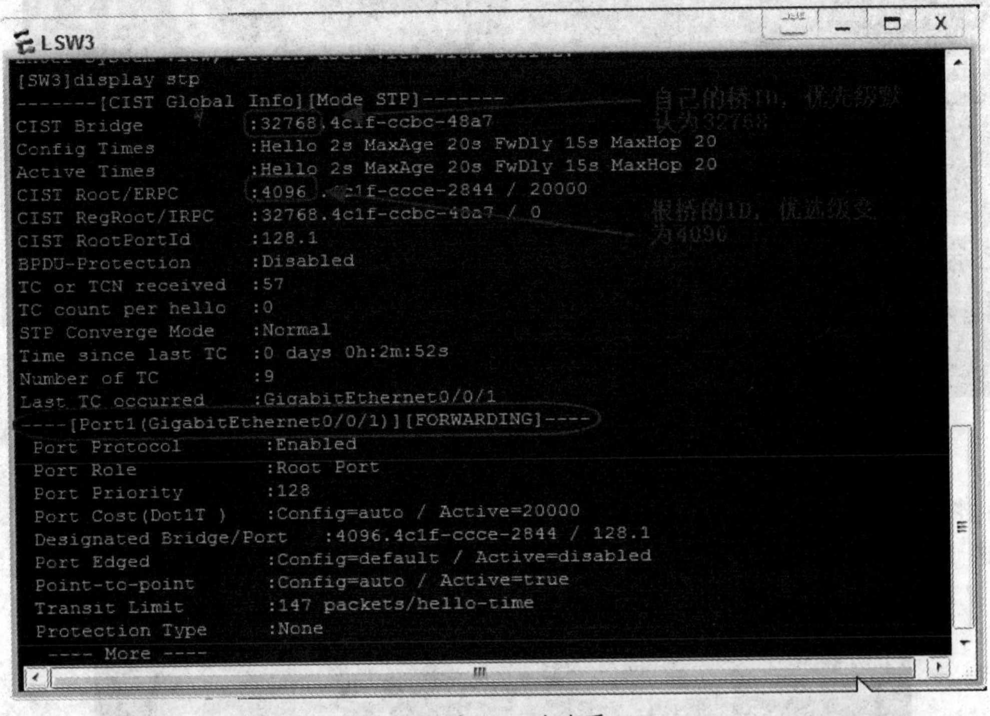

图 18-10　在 SW3 上查看 STP

```
[SW3]display stp brief
 MSTID  Port                    Role  STP State     Protection
   0    GigabitEthernet0/0/1    ROOT  FORWARDING      NONE
   0    GigabitEthernet0/0/2    ALTE  DISCARDING      NONE
```

图 18-11　在 SW3 上查看 STP brief

(5) 配置 IP 地址，测试 STP 收敛的时间。

```
[SW1]interface Vlanif 1
[SW1-Vlanif1]ip address 10.1.1.1 255.255.255.0
[SW1-Vlanif1]undo shutdown
[SW1-Vlanif1]
<SW1>save

[SW2interface Vlanif 1
[SW2-Vlanif1]ip address 10.1.1.2 25.255.255.0
[SW2-Vlanif1]undo shutdown
```

```
[SW2-Vlanif1]
<SW2>save

[SW3]interface Vlanif 1
[SW3-Vlanif1]ip address 10.1.1.3 255.255.255.0
[SW3-Vlanif1]undo shutdown
[SW3-Vlanif1]
<SW3>save
```

在 SW1 上 ping SW2，所走的链路一定是 SW1 与 SW2 之间的直连链路，所需时间较短，如图 18-12 所示。

```
<SW1>ping 10.1.1.2
  PING 10.1.1.2: 56  data bytes, press CTRL_C to break
    Reply from 10.1.1.2: bytes=56 Sequence=1 ttl=255 time=70 ms
    Reply from 10.1.1.2: bytes=56 Sequence=2 ttl=255 time=40 ms
    Reply from 10.1.1.2: bytes=56 Sequence=3 ttl=255 time=40 ms
    Reply from 10.1.1.2: bytes=56 Sequence=4 ttl=255 time=50 ms
    Reply from 10.1.1.2: bytes=56 Sequence=5 ttl=255 time=40 ms

  --- 10.1.1.2 ping statistics ---
    5 packet(s) transmitted
    5 packet(s) received
    0.00% packet loss
    round-trip min/avg/max = 40/48/70 ms
```

图 18-12　在 SW1 上 ping SW2

在 G0/0/5 端口使用 shutdown 命令进行如下操作：

```
[SW1]int g0/0/5
[SW1-GigabitEthernet0/0/5]shutdown
[SW1-GigabitEthernet0/0/5]
```

之后，再次在 SW1 上 ping SW2，所需时间变长了许多，如图 18-13 所示。

```
[SW1]ping 10.1.1.2
  PING 10.1.1.2: 56  data bytes, press CTRL_C to break
    Reply from 10.1.1.2: bytes=56 Sequence=1 ttl=255 time=80 ms
    Reply from 10.1.1.2: bytes=56 Sequence=2 ttl=255 time=50 ms
    Reply from 10.1.1.2: bytes=56 Sequence=3 ttl=255 time=50 ms
    Reply from 10.1.1.2: bytes=56 Sequence=4 ttl=255 time=70 ms
    Reply from 10.1.1.2: bytes=56 Sequence=5 ttl=255 time=60 ms

  --- 10.1.1.2 ping statistics ---
    5 packet(s) transmitted
    5 packet(s) received
    0.00% packet loss
    round-trip min/avg/max = 50/62/80 ms
```

图 18-13　再次在 SW1 上 ping SW2

恢复启用 g0/0/5 端口，进行如下操作：

```
[SW1]int g0/0/5
[SW1-GigabitEthernet0/0/5]undo shutdown
[SW1-GigabitEthernet0/0/5]
```

```
<SW1>save
```

(6) 修改 SW1、SW2、SW3 为 RSTP。

```
[SW1]stp mode rstp
[SW1]quit
<SW1>save

[SW2]stp mode rstp
[SW2]quit
<SW2>save

[SW3]stp mode rstp
[SW3]quit
<SW3>save
```

查看生成树信息，如图 18-14 所示。

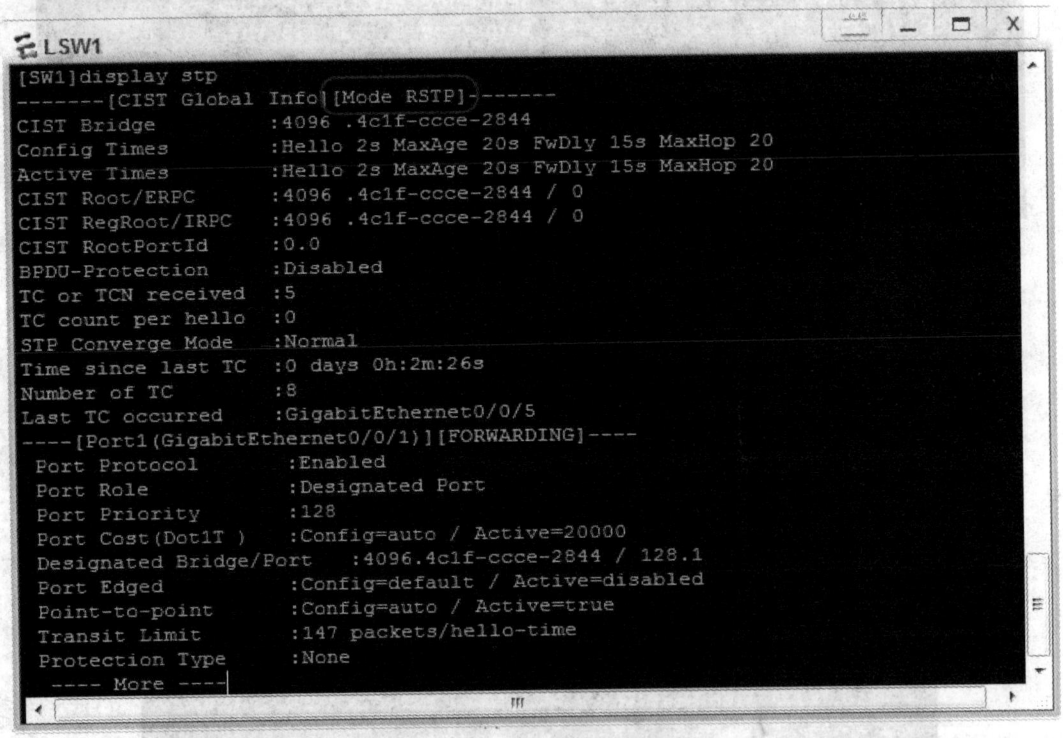

```
LSW1
[SW1]display stp
-------[CIST Global Info][Mode RSTP]-------
CIST Bridge         :4096 .4c1f-ccce-2844
Config Times        :Hello 2s MaxAge 20s FwDly 15s MaxHop 20
Active Times        :Hello 2s MaxAge 20s FwDly 15s MaxHop 20
CIST Root/ERPC      :4096 .4c1f-ccce-2844 / 0
CIST RegRoot/IRPC   :4096 .4c1f-ccce-2844 / 0
CIST RootPortId     :0.0
BPDU-Protection     :Disabled
TC or TCN received  :5
TC count per hello  :0
STP Converge Mode   :Normal
Time since last TC  :0 days 0h:2m:26s
Number of TC        :8
Last TC occurred    :GigabitEthernet0/0/5
----[Port1(GigabitEthernet0/0/1)][FORWARDING]----
 Port Protocol       :Enabled
 Port Role           :Designated Port
 Port Priority       :128
 Port Cost(Dot1T )   :Config=auto / Active=20000
 Designated Bridge/Port   :4096.4c1f-ccce-2844 / 128.1
 Port Edged          :Config=default / Active=disabled
 Point-to-point      :Config=auto / Active=true
 Transit Limit       :147 packets/hello-time
 Protection Type     :None
  ---- More ----
```

图 18-14　查看生成树信息

由图 18-14 可知，已经运行了 SRTP。

在 SW2 上再用 shutdown 命令关闭 G0/0/5：

```
[SW2]int g0/0/5
[SW2-GigabitEthernet0/0/5]shutdown
[SW2-GigabitEthernet0/0/5]
```

在 SW1 上 ping –c 10 10.1.1.2，观察收敛时间，如图 18-15 所示。

```
[SW1]ping -c 10 10.1.1.2
  PING 10.1.1.2: 56  data bytes, press CTRL_C to break
    Reply from 10.1.1.2: bytes=56 Sequence=1 ttl=255 time=90 ms
    Reply from 10.1.1.2: bytes=56 Sequence=2 ttl=255 time=50 ms
    Reply from 10.1.1.2: bytes=56 Sequence=3 ttl=255 time=70 ms
    Reply from 10.1.1.2: bytes=56 Sequence=4 ttl=255 time=40 ms
    Reply from 10.1.1.2: bytes=56 Sequence=5 ttl=255 time=50 ms
    Reply from 10.1.1.2: bytes=56 Sequence=6 ttl=255 time=80 ms
    Reply from 10.1.1.2: bytes=56 Sequence=7 ttl=255 time=50 ms
    Reply from 10.1.1.2: bytes=56 Sequence=8 ttl=255 time=70 ms
    Reply from 10.1.1.2: bytes=56 Sequence=9 ttl=255 time=60 ms
    Reply from 10.1.1.2: bytes=56 Sequence=10 ttl=255 time=50 ms

  --- 10.1.1.2 ping statistics ---
    10 packet(s) transmitted
    10 packet(s) received
    0.00% packet loss
    round-trip min/avg/max = 40/61/90 ms
```

图 18-15　观察收敛的时间

注：要终止观察时，可按 Ctrl+C。

在 SW2 上恢复启用 G0/0/5 端口：

```
[SW2-GigabitEthernet0/0/5]undo shutdown
[SW2-GigabitEthernet0/0/5]
<SW2>save
```

(7) MSTP 配置。

① 创建 20 个 VLAN，分别为 11～30。

```
[SW1]vlan batch 11 to 30
[SW2]vlan batch 11 to 30
[SW2]vlan batch 11 to 30
```

② 配置三条链路为 Trunk，并且允许所有 VLAN 通过。

```
[SW1]interface GigabitEthernet 0/0/5
[SW1-GigabitEthernet0/0/5]port link-type trunk
[SW1-GigabitEthernet0/0/5]port trunk allow-pass vlan all
[SW1]interface GigabitEthernet 0/0/1
[SW1-GigabitEthernet0/0/1]port link-type trunk
[SW1-GigabitEthernet0/0/1]port trunk allow-pass vlan all
[SW1-GigabitEthernet0/0/1]
<SW1>save

[SW2]interface GigabitEthernet 0/0/5
[SW2-GigabitEthernet0/0/5]port link-type trunk
[SW2-GigabitEthernet0/0/5]port trunk allow-pass vlan all
[SW2]interface GigabitEthernet 0/0/2
```

```
[SW2-GigabitEthernet0/0/2]port link-type trunk
[SW2-GigabitEthernet0/0/2]port trunk allow-pass vlan all
[SW2-GigabitEthernet0/0/2]
<SW2>save

[SW3]interface GigabitEthernet 0/0/1
[SW3-GigabitEthernet0/0/5]port link-type trunk
[SW3-GigabitEthernet0/0/5] port trunk allow-pass vlan all
[SW3]interface GigabitEthernet 0/0/2
[SW3-GigabitEthernet0/0/5]port link-type trunk
[SW3-GigabitEthernet0/0/5] port trunk allow-pass vlan all
[SW3-GigabitEthernet0/0/2]
<SW3>save
```

③ 配置 MST。

```
[SW1]stp region-configuration
[SW1-mst-region]region-name yeslab
[SW1-mst-region]instance 1 VLAN 11 to 20
[SW1-mst-region]instance 2 VLAN 21 to 30
[SW1-mst-region]active region-configuration
[SW1-mst-region]
<SW1>save

[SW2]stp region-configuration
[SW2-mst-region]region-name yeslab
[SW2-mst-region]instance 1 VLAN 11 to 20
[SW2-mst-region]instance 2 VLAN 21 to 30
[SW2-mst-region]active region-configuration
[SW2-mst-region]
<SW2>save

[SW3]stp region-configuration
[SW3-mst-region]region-name yeslab
[SW3-mst-region]instance 1 VLAN 11 to 20
[SW3-mst-region]instance 2 VLAN 21 to 30
[SW3-mst-region]active region-configuration
[SW3-mst-region]
<SW3>save
```

④ 查验 MSTP。

分别在 SW1、SW2 和 SW3 上查验 MSTP，如图 18-16～18-18 所示。

```
[SW1]display stp region
 Oper configuration
   Format selector    :0
   Region name        :yeslab
   Revision level     :0

   Instance   VLANs Mapped
      0       1 to 10, 31 to 4094
      1       11 to 20
      2       21 to 30
```

图 18-16　在 SW1 上查验 MSTP

```
[SW2]display stp region
 Oper configuration
   Format selector    :0
   Region name        :yeslab
   Revision level     :0

   Instance   VLANs Mapped
      0       1 to 10, 31 to 4094
      1       11 to 20
      2       21 to 30
```

图 18-17　在 SW2 上查验 MSTP

```
[SW3]display stp region
 Oper configuration
   Format selector    :0
   Region name        :yeslab
   Revision level     :0

   Instance   VLANs Mapped
      0       1 to 10, 31 to 4094
      1       11 to 20
      2       21 to 30
```

图 18-18　在 SW3 上查验 MSTP

⑤ 确定实例 1 的根为 SW1，备份根为 SW2；实例 2 的根为 SW2，备份根为 SW1。在 SW1 和 SW2 上进行图 18-19 和图 18-20 所示的操作。

```
[SW1]stp instance 1 priority 4096
[SW1]stp instance 2 priority 8192
[SW1]quit
<SW1>save
```

图 18-19　在 SW1 上操作

```
[SW2]stp instance 1 priority 8192
[SW2]stp instance 2 priority 4096
[SW2]
<SW2>save
```

图 18-20　在 SW2 上操作

⑥ 在 SW3 上查看 STP 信息，如图 18-21 所示。

```
[SW3]display stp brief
 MSTID  Port                        Role  STP State     Protection
   0    GigabitEthernet0/0/1        ROOT  FORWARDING      NONE
   0    GigabitEthernet0/0/2        ALTE  DISCARDING      NONE
```

图 18-21　在 SW3 上查看 STP 信息

3. 任务评价

(1) 下载任务 18 参考答案包。

(2) 解压任务 18 参考答案包。

(3) 重新启动 eNSP，依次选择“菜单”→“考试”→“阅卷”。在弹出的“阅卷”对话框中，在“标准答案文件路径”文本框中选择下载的“参考答案”文件夹中的文件，在“学生答案保存路径”文本框中选择交卷时的位置，再单击“阅卷”按钮，如图 0-9 所示，在弹出的对话框中选择“是”，即可看到阅卷结果。

4. 拓展知识

扫描下面的二维码即可在手机上阅读拓展知识。

任务 19　配置 VRRP

任务拓扑

任务 19 拓扑如图 19-1 所示。

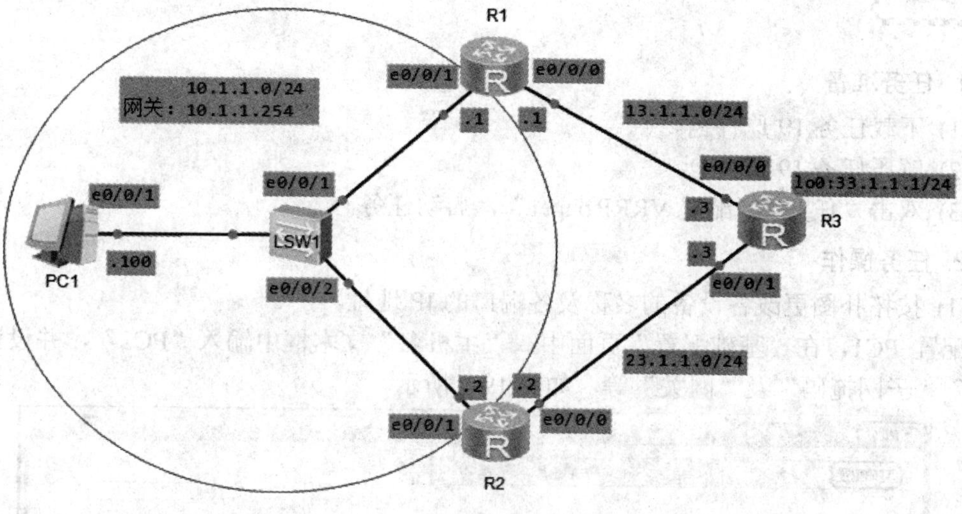

图 19-1　任务 19 拓扑

任务拓扑

(1) 按拓扑图更改各设备的名称及各端口的 IP 地址。
(2) 配置 OSPF 协议，使路由具有可达性。
(3) 配置 VRRP 以实现路由冗余。
(4) 查看配置结果。

任务目标

掌握 VRRP 的相关知识及其配置方法。

相关知识

虚拟路由冗余协议(Virtual Router Redundancy Protocol，VRRP)是一种选择协议，它可以把一个虚拟路由器的责任动态分配到局域网上的 VRRP 路由器中的一台。控制虚拟路由器 IP 地址的 VRRP 路由器称为主路由器，它负责转发数据包到这些虚拟 IP 地址。一旦主路由器不可用，这种选择过程就会提供动态的故障转移机制，从而允许虚拟路由器的 IP 地址可以作为终端主机默认的第一跳路由器。VRRP 还是一种 LAN 接入设备备份协议，它在提高可靠性的同时，简化了主机的配置。在具有多播或广播能力的局域网中，借助 VRRP 能在某台路由器出现故障时仍然提供高可靠的缺省链路，有效避免了单一链路发生故障后网络中断的问题，而无需修改动态路由协议、路由发现协议等配置信息。

操作步骤

1. 任务准备

(1) 下载任务 19 原件包。

(2) 解压任务 19 原件包。

(3) 双击“任务 19 配置 VRRP.paper”，启动任务。

2. 任务操作

(1) 按拓扑图更改各设备的名称及各端口的 IP 地址。

配置 PC1，在“基础配置”页面中，“主机名”文本框中输入“PC1”，并设置“IP 地址”“子网掩码”及“网关”等，如图 19-2 所示。

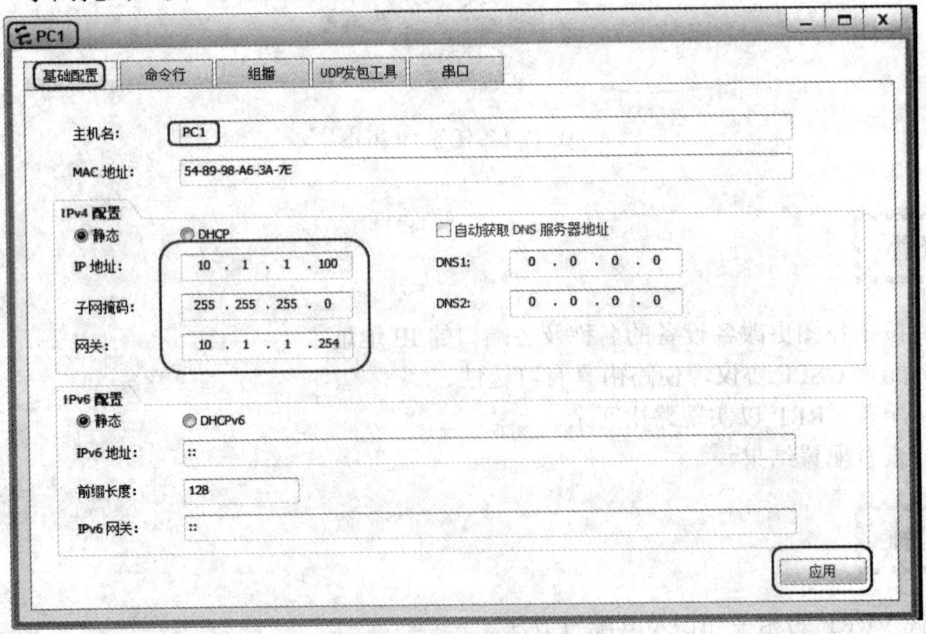

图 19-2　配置 PC1

配置 R1：

```
<Huawei>sys
Enter system view，return user view with Ctrl+Z.
[Huawei]sysname R1
[R1]int e0/0/1
[R1-Ethernet0/0/1]ip add 10.1.1.1 24
[R1-Ethernet0/0/1]undo shutdown
[R1-Ethernet0/0/0]ip add 13.1.1.1 24
[R1-Ethernet0/0/0]undo shutdown
[R1-Ethernet0/0/0]
<R1>save
```

配置 R2：

```
<Huawei>sys
Enter system view，return user view with Ctrl+Z.
[Huawei]sysname R2
[R2]int e0/0/1
[R2-Ethernet0/0/1]ip add 10.1.1.2 24
[R2-Ethernet0/0/1]undo shutdown
[R2-Ethernet0/0/0]ip add23.1.1.2 24
[R2-Ethernet0/0/0]undo shutdown
[R2-Ethernet0/0/0]
<R2>save
```

配置 R3：

```
<Huawei>sys
Enter system view，return user view with Ctrl+Z.
[Huawei]sysname R3
[R3]int e0/0/0
[R3-Ethernet0/0/0]ip add 13.1.1.3 24
[R3-Ethernet0/0/0]undo shutdown
[R3-Ethernet0/0/0]int e0/0/1
[R3-Ethernet0/0/1]ip add 23.1.1.3 24
[R3-Ethernet0/0/1]undo shutdown
[R3-Ethernet0/0/1]int loop 0
[R3-LoopBack0]ip add33.1.1.1 24
<R3>save
```

(2) 配置 OSPF 协议，使路由具有可达性。

```
[R1]ospf 1 router-id 11.1.1.1
[R1-ospf-1]area 0
[R1-ospf-1-area-0.0.0.0]network 10.1.1.1 0.0.0.0
```

```
[R1-ospf-1-area-0.0.0.0]network 13.1.1.1 0.0.0.0
[R1-ospf-1-area-0.0.0.0]
<R1>save

[R2]ospf 1 router-id 22.1.1.1
[R2-ospf-1]area 0
[R2-ospf-1-area-0.0.0.0]network 10.1.1.2 0.0.0.0
[R2-ospf-1-area-0.0.0.0]network 23.1.1.2 0.0.0.0
[R2-ospf-1-area-0.0.0.0]
<R2>save

[R3]ospf 1 router-id 33.1.1.1
[R3-ospf-1]area 0
[R3-ospf-1-area-0.0.0.0]network 13.1.1.3 0.0.0.0
[R3-ospf-1-area-0.0.0.0]network 23.1.1.3 0.0.0.0
[R3-ospf-1-area-0.0.0.0]network 33.1.1.1 0.0.0.0
[R3-ospf-1-area-0.0.0.0]
<R3>save
```

(3) 配置 VRRP。

```
[R1]interface Ethernet 0/0/1
[R1-Ethernet0/0/1]vrrp vrid 1 virtual-ip 10.1.1.254
[R1-Ethernet0/0/1]vrrp vrid 1 priority 110
[R1-Ethernet0/0/1]
<R1>save

[R2]interface Ethernet 0/0/1
[R2-Ethernet0/0/1]vrrp vrid 1 virtual-ip 10.1.1.254
[R2-Ethernet0/0/1]
<R2>save
```

(4) 查看配置结果。

在 R1 和 R2 上查看配置结果，如图 19-3 和图 19-4 所示。

```
<R1>display vrrp brief
VRID  State        Interface                Type     Virtual IP
----------------------------------------------------------------
1     Master       Eth0/0/1                 Normal   10.1.1.254
----------------------------------------------------------------
Total:1     Master:1     Backup:0     Non-active:0
```

图 19-3　在 R1 上查看配置结果

```
<R2>display vrrp brief
VRID  State          Interface                  Type     Virtual IP
-----------------------------------------------------------------------
1     Backup         Eth0/0/1                   Normal   10.1.1.254
-----------------------------------------------------------------------
Total:1     Master:0     Backup:1     Non-active:0
```

图 19-4　在 R2 上查看配置结果

3. 任务评价

(1) 下载任务 19 参考答案包。

(2) 解压任务 19 参考答案包。

(3) 重新启动 eNSP，依次选择“菜单”→“考试”→“阅卷”。在弹出的“阅卷”对话框中，在“标准答案文件路径”文本框中选择下载的“参考答案”文件夹中的文件，在“学生答案保存路径”文本框中选择交卷时的位置，再单击“阅卷”按钮，如图 0-9 所示，在弹出的对话框中选择“是”，即可看到阅卷结果。

4. 拓展知识

扫描下面的二维码即可在手机上阅读拓展知识。

任务 20　VLAN 间的路由配置

任务拓扑

任务 20 拓扑如图 20-1 所示。

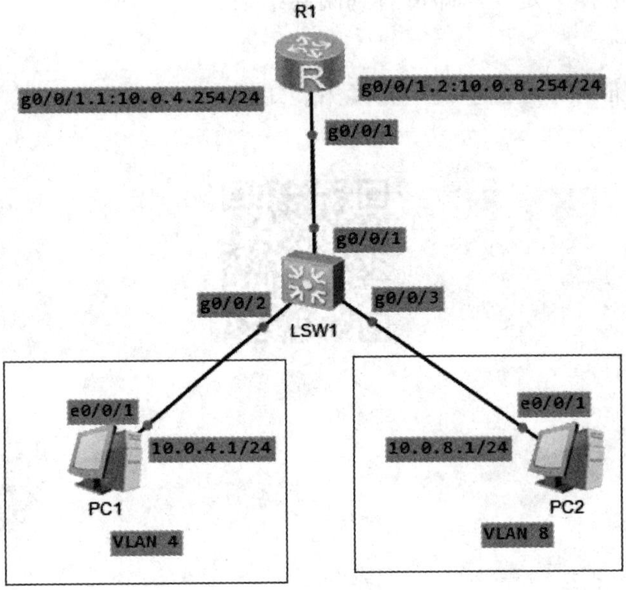

图 20-1　任务 20 拓扑

任务场景

企业内部网络通常会通过划分不同的 VLAN 来隔离不同部门之间的二层通信，并保证各部门间的信息安全。但是由于业务需要，部分部门之间需要实现跨 VLAN 通信，网络管理员需借助路由器，通过配置单臂路由实现跨 VLAN 的通信需求。

任务要求

(1) 按拓扑图更改各设备的名称及配置各端口的 IP 地址。

(2) 在 SW1 上创建 VLAN 4 和 VLAN 8，并将相应端口加入到相应 VLAN 中。
(3) 在 SW1 上配置 g0/0/1 为 Trunk 接口，并允许 VLAN 4 和 VALN 8 的报文通过。
(4) 在 R1 上配置子接口以实现 VLAN 间的路由。
(5) 检测 PC1 与 PC2 的连通性。

任务目标

(1) 掌握用于 VLAN 间路由的 Trunk 接口的配置方法；
(2) 掌握在单个物理接口上配置多个子接口的方法；
(3) 掌握在 VLAN 间实现 ARP 通信的配置方法。

相关知识

1. 子接口。

子接口(subinterface)是通过协议和技术将一个物理接口(Interface)虚拟而来的多个逻辑接口。相对子接口而言，物理接口称为主接口。子接口从功能、作用上来说，与物理接口是没有任何区别的，它的出现打破了每个设备存在物理接口数量有限的局限性。在路由器中，子接口数量的取值范围是 0~4095，共 4096 个，但实际中并不能达到 4096 个，数量越多，各子接口的性能越差。

2. 子接口与主接口的关系。

子接口除了共用主接口的物理层参数外，还可以分别配置各自的链路层和网络层参数。用户可以禁用或者激活子接口，这不会对主接口产生影响；但主接口状态的变化会对子接口产生影响，只有在主接口处于连通状态时子接口才能正常工作。

在 VLAN 虚拟局域网中，通常是一个物理接口对应一个 VLAN。在多个 VLAN 的网络上，无法使用单台路由器的一个物理接口实现 VLAN 间通信，同时路由器有其物理局限性，不可能带有大量的物理接口。子接口的产生正是为了打破物理接口的局限性，它允许一个路由器的单个物理接口通过划分多个子接口的方式，实现多个 VLAN 间的路由和通信。

3. 子接口的优缺点。

优点：打破物理接口的数量限制，在一个接口中可实现多个 VLAN 间的路由和通信。

缺点：多个子接口共用主接口，性能比单个物理接口差，在负载大的情况下容易成为网络流量瓶颈。

由于独立的物理接口无带宽争用现象，与子接口相比，物理接口的性能更好。来自所连接的各 VLAN 流量可访问与 VLAN 相连的物理路由器接口的全部带宽，以实现 VLAN 间的路由。

子接口用于 VLAN 间的路由时，被发送的流量会争用单个物理接口的带宽，在网络繁忙时会导致通信瓶颈。为均衡物理接口上的流量负载，可将子接口配置在多个物理接口上，以减轻 VLAN 流量之间竞争带宽的现象。

操作步骤

1. 任务准备

(1) 下载任务 20 原件包。

(2) 解压任务 20 原件包。

(3) 双击“任务 20 VLAN 间的路由配置.paper”，启动任务。

2. 任务操作

(1) 按拓扑图更改各设备的名称及配置各端口的 IP 地址。

PC1 和 PC2 的配置如图 20-2 和图 20-3 所示。

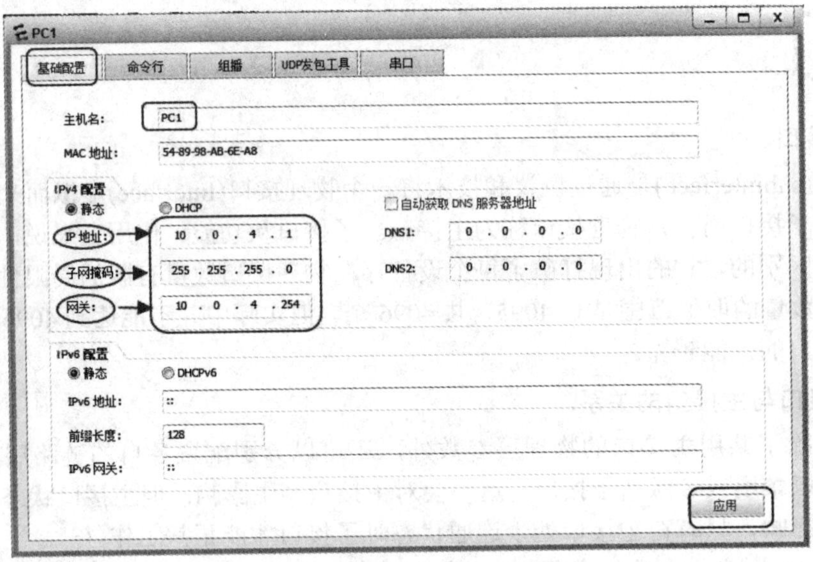

图 20-2　配置 PC1

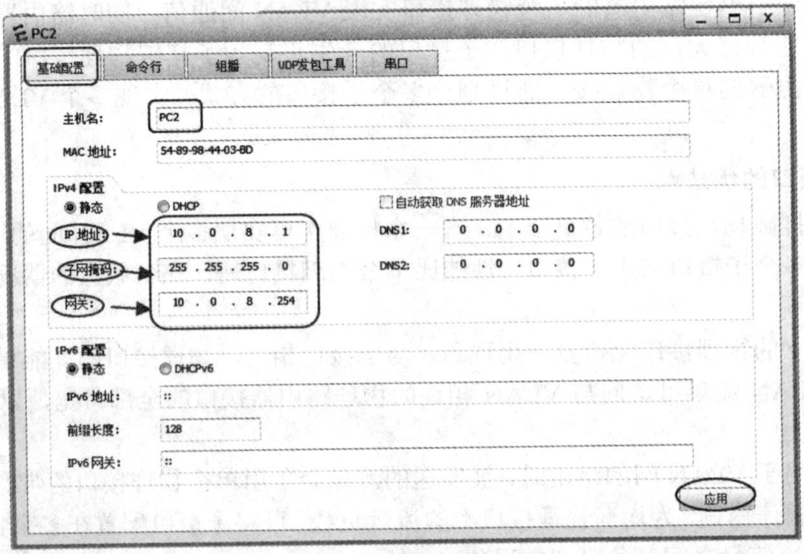

图 20-3　配置 PC2

(2) 在 SW1 上创建 VLAN 4 和 VLAN 8，并将相应端口加入到相应 VLAN 中。

```
<Huawei>sys
Enter system view，return user view with Ctrl+Z.
[Huawei]sysname SW1
[SW1]vlan batch 4 8
[SW1]int g0/0/2
[SW1-GigabitEthernet0/0/2]port link-type access
[SW1-GigabitEthernet0/0/2]port default vlan 4
[SW1-GigabitEthernet0/0/2]quit
[SW1]int g0/0/3
[SW1-GigabitEthernet0/0/3]port link-type access
[SW1-GigabitEthernet0/0/3]port default vlan 8
[SW1-GigabitEthernet0/0/3]
<SW1>save
```

(3) 在 SW1 上配置 g0/0/1 为 Trunk 接口，并允许 VLAN 4 和 VALN 8 的报文通过。

```
[SW1]int g0/0/1
[SW1-GigabitEthernet0/0/1]port link-type trunk
[SW1-GigabitEthernet0/0/1]port trunk allow-pass vlan 4 8
[SW1-GigabitEthernet0/0/1]
<SW1>save
```

(4) 在 R1 上配置子接口以实现 VLAN 间的路由。

```
<Huawei>sys
Enter system view，return user view with Ctrl+Z.
[Huawei]sysname R1
[R1]int g0/0/1.1
[R1-GigabitEthernet0/0/1.1]ip add 10.0.4.254 24
[R1-GigabitEthernet0/0/1.1]dot1q termination vid 4
[R1-GigabitEthernet0/0/1.1]arp broadcast enable
[R1-GigabitEthernet0/0/1.1]quit
[R1]int g0/0/1.2
[R1-GigabitEthernet0/0/1.2]ip add 10.0.8.254 24
[R1-GigabitEthernet0/0/1.2]dot1q termination vid 8
[R1-GigabitEthernet0/0/1.2]arp broadcast enable
[R1-GigabitEthernet0/0/1.2]                    //按 Ctrl+Z
< R1>save
```

(5) 检测 PC1 与 PC2 的连通性。

在 PC1 上 ping PC2，显示如图 20-4 所示。

```
PC>ping 10.0.8.1

Ping 10.0.8.1: 32 data bytes, Press Ctrl_C to break
From 10.0.8.1: bytes=32 seq=1 ttl=127 time=156 ms
From 10.0.8.1: bytes=32 seq=2 ttl=127 time=78 ms
From 10.0.8.1: bytes=32 seq=3 ttl=127 time=63 ms
From 10.0.8.1: bytes=32 seq=4 ttl=127 time=78 ms
From 10.0.8.1: bytes=32 seq=5 ttl=127 time=110 ms

--- 10.0.8.1 ping statistics ---
  5 packet(s) transmitted
  5 packet(s) received
  0.00% packet loss
  round-trip min/avg/max = 63/97/156 ms

PC>
```

图 20-4　在 PC1 上 ping PC2

3. 任务评价

(1) 下载任务 20 参考答案包。

(2) 解压任务 20 参考答案包。

(3) 重新启动 eNSP，依次选择“菜单”→“考试”→“阅卷”。在弹出的“阅卷”对话框中，在“标准答案文件路径”文本框中选择下载的“参考答案”文件夹中的文件，在“学生答案保存路径”文本框中选择交卷时的位置，再单击“阅卷”按钮，如图 0-9 所示，在弹出的对话框中选择“是”，即可看到阅卷结果。

4. 拓展知识

扫描下面的二维码即可在手机上阅读拓展知识。

任务 21　配置三层交换

任务拓扑

任务 21 拓扑如图 21-1 所示。

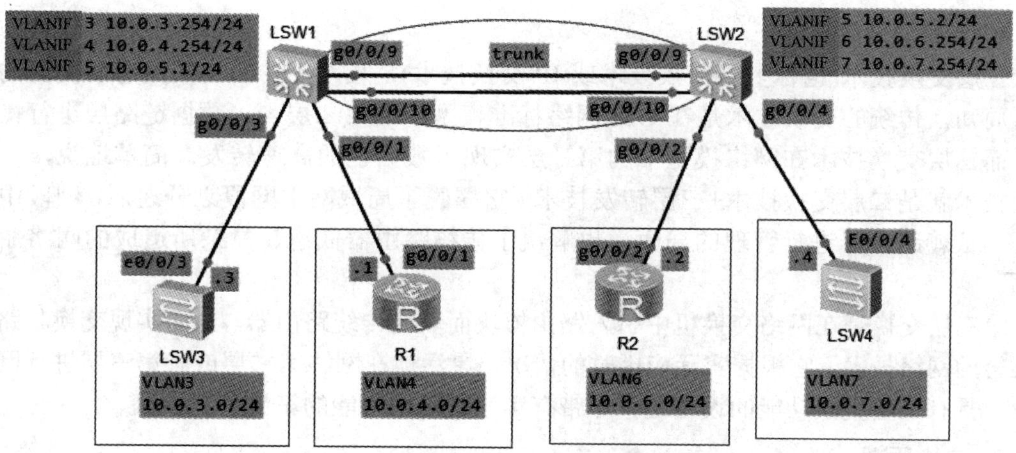

图 21-1　任务 21 拓扑

在企业网络中，通过使用三层交换机可以简便地实现 VLAN 间通信。企业的网络管理员需要在三层交换机配置 VLANIF 接口的三层功能，使得网络能够实现 VLAN 间通信。此外，为了使交换机 1 和交换机 2 所连接的不同网络能够进行三层通信，还需要配置路由协议。

任务要求

(1) 将 R1 上的 G0/0/1 接口的 IP 地址配置为 10.0.4.1/24，在 SW1 和 SW2 之间配置 Eth-Trunk，并关闭 SW3 和 SW4 上的无关端口。

(2) 在 SW1、SW2 批量创建 VLAN 3～VLAN 7。

(3) 将 SW1 上的 G0/0/1 和 0/0/3 端口分别加入 VLAN 4 和 VLAN 3；将 SW2 上的 G0/0/2 和 G0/0/4 端口分别加入 VLAN 6 和 VLAN 7。

(4) 配置 VLANIF 三层接口(分别为 SW1 上的 VLANIF 3、VLANIF 4 和 VLANIF 5 以及 SW2 上的 VLANIF 5、VLANIF 6 和 VLANIF 7 配置 IP 地址)。

(5) 为 R1、R2、SW3 和 SW4 配置 IP 地址和缺省路由，在 R1 上检测连通性。

(6) 在 SW1 和 SW2 上配置 OSPF 协议，再到 R1 上检测连通性。

任务目标

(1) 掌握通过三层交换机实现 VLAN 间通信的配置方法；

(2) 掌握通过以太网 Trunk 链路实现 VLAN 间通信的配置方法；

(3) 掌握在不同 VLAN 间配置动态路由协议 OSPF 的方法。

相关知识

1. 三层交换技术

三层交换技术(也称多层交换技术或 IP 交换技术)是相对于传统交换概念而提出的。众所周知，传统的交换技术是在 OSI 网络标准模型中的第二层——数据链路层进行操作的，而三层交换技术在网络模型中的第三层实现了数据包的高速转发。简单地说，三层交换技术就是二层交换技术+三层转发技术。它摆脱了局域网中网段划分之后，网段中子网必须依赖路由器进行管理的局面，也解决了传统路由器低速、复杂所造成的网络瓶颈问题。

第三层交换是在网络交换机中引入路由模块而取代传统路由器，从而实现交换与路由相结合的网络技术。它根据实际应用时的情况，灵活地在网络第二层或者第三层进行网络分段。具有三层交换功能的设备是一个带有第三层路由功能的第二层交换机。

2. 交换原理

假设两个使用 IP 协议的站点 A、B 通过第三层交换机进行通信，发送站点 A 在开始发送时，把自己的 IP 地址与 B 站的 IP 地址进行比较，判断 B 站是否与自己在同一子网内。若目的站 B 与发送站 A 在同一子网内，则进行二层的转发。若两个站点不在同一子网内，如发送站 A 要与目的站 B 通信，则发送站 A 要向“缺省网关”发出 ARP(地址解析)封包，而“缺省网关”的 IP 地址其实是三层交换机的三层交换模块。当发送站 A 对“缺省网关”的 IP 地址广播出一个 ARP 请求时，如果三层交换模块在以前的通信过程中已经知道 B 站的 MAC 地址，则向发送站 A 回复 B 的 MAC 地址；否则三层交换模块根据路由信息向 B 站广播一个 ARP 请求，B 站得到此 ARP 请求后向三层交换模块回复其 MAC 地址，三层交换模块保存此地址并回复给发送站 A，同时将 B 站的 MAC 地址发送到二层交换引擎的 MAC 地址表中。从这以后，A 向 B 发送的数据包便全部交给二层交换处理，信息得以高速交换。由于仅仅在路由过程中才需要三层处理，绝大部分数据都通过二层交换转发，因此三层交换机的速度很快，接近二层交换机的速度，同时比相同路由器的价格低很多。

操作步骤

1. 任务准备

(1) 下载任务21原件包。

(2) 解压任务21原件包。

(3) 双击“任务21 配置三层交换.paper”，启动任务。

2. 任务操作

(1) 将R1上的G0/0/1接口的IP地址配置为10.0.4.1/24，在SW1和SW2之间配置Eth-Trunk，并关闭SW3和SW4上的无关端口。

在R1上配置：

```
Huawei>sys
[Huawei]sysname R1
[R1]int g0/0/1
[R1-GigabitEthernet0/0/1]ip add 10.0.4.1 24
[R1-GigabitEthernet0/0/1]undo shutdown
[R1-GigabitEthernet0/0/1]
<R1>save
```

在R2上配置：

```
Huawei>sys
[Huawei]sysname R2
[R2]int g0/0/2
[R2-GigabitEthernet0/0/2]ip add 10.0.6.2 24
[R2-GigabitEthernet0/0/2]undo shutdown
[R2-GigabitEthernet0/0/2]
<R2>save
```

在SW1上配置：

```
<Huawei>sys
[Huawei]sysname SW1
[SW1]interface Eth-Trunk 1
[SW1-Eth-Trunk1]mode lacp-static     // LACP(Link Aggregation Control Protocol，链路汇聚控制
协议)是一种实现链路动态汇聚的协议
[SW1-Eth-Trunk1]port link-type trunk
[SW1-Eth-Trunk1]port trunk allow-pass vlan all
[SW1-Eth-Trunk1]quit
[SW1]interface GigabitEthernet 0/0/9
[SW1-GigabitEthernet0/0/9]eth-trunk 1
```

```
[SW1-GigabitEthernet0/0/9]interface GigabitEthernet 0/0/10
[SW1-GigabitEthernet0/0/10]eth-trunk 1
[SW1-GigabitEthernet0/0/10]                          //按 Ctrl+Z
< SW1>save
```

在 SW2 上配置：

```
<Huawei>sys
[Huawei]sysname SW2
[SW2]interface Eth-Trunk 1
[SW2-Eth-Trunk1]mode lacp-static
[SW2-Eth-Trunk1]port link-type trunk
[SW2-Eth-Trunk1]port trunk allow-pass vlan all
[SW2-Eth-Trunk1]quit
[SW2]interface GigabitEthernet 0/0/9
[SW2-GigabitEthernet0/0/9]eth-trunk 1
[SW2-GigabitEthernet0/0/9]interface GigabitEthernet 0/0/10
[SW2-GigabitEthernet0/0/10]eth-trunk 1
[SW2-GigabitEthernet0/0/10]                          //按 Ctrl+Z
< SW2>save
```

在 SW3 上配置，并关闭 15 号端口：

```
<Huawei>sys
[Huawei]sysname SW3
[SW3]int e0/0/15
[SW3-Ethernet0/0/15]shutdown
[SW3-Ethernet0/0/15]
<SW3>save
```

在 SW4 上配置，并关闭 15 号端口：

```
<Huawei>sys
[Huawei]sysname SW4
[SW4]int e0/0/15
[SW4-Ethernet0/0/15]shutdown
[SW4-Ethernet0/0/15]
<SW4>save
```

(2) 在 SW1、SW2 批量创建 VLAN 3～VLAN 7。

```
[SW1]vlan batch 3 to 7
[SW2]vlan batch 3 to 7
```

查看并确认 VLAN 已成功创建，如图 21-2 所示。

```
[SW1]display vlan
The total number of vlans is : 6
--------------------------------------------------------------------------------
U: Up;         D: Down;         TG: Tagged;         UT: Untagged;
MP: Vlan-mapping;               ST: Vlan-stacking;
#: ProtocolTransparent-vlan;    *: Management-vlan;
--------------------------------------------------------------------------------

VID  Type    Ports
--------------------------------------------------------------------------------
1    common  UT:GE0/0/1(U)     GE0/0/2(D)     GE0/0/3(U)     GE0/0/4(D)
                GE0/0/5(D)     GE0/0/6(D)     GE0/0/7(D)     GE0/0/8(D)
                GE0/0/11(D)    GE0/0/12(D)    GE0/0/13(D)    GE0/0/14(D)
                GE0/0/15(D)    GE0/0/16(D)    GE0/0/17(D)    GE0/0/18(D)
                GE0/0/19(D)    GE0/0/20(D)    GE0/0/21(D)    GE0/0/22(D)
                GE0/0/23(D)    GE0/0/24(D)    Eth-Trunk1(U)

3    common  TG:Eth-Trunk1(U)

4    common  TG:Eth-Trunk1(U)

5    common  TG:Eth-Trunk1(U)

6    common  TG:Eth-Trunk1(U)

7    common  TG:Eth-Trunk1(U)
```

图 21-2　查看 VLAN

(3) 将 SW1 上的 G0/0/1 和 0/0/3 端口分别加入 VLAN 4 和 VLAN 3；将 SW2 上的 G0/0/2 和 G0/0/4 端口分别加入 VLAN 6 和 VLAN 7。

[SW1]interface Eth-Trunk 1

[SW1-Eth-Trunk1]port trunk pvid vlan 5　　//设置端口的默认 VLAN 标签为 5，当这个端口遇到一个没有打标签的数据包进入时，就自动打上它的默认标签

[SW1-Eth-Trunk1]quit

[SW1]interface GigabitEthernet 0/0/1

[SW1-GigabitEthernet0/0/1]port link-type access

[SW1-GigabitEthernet0/0/1]port defaultVLAN4

[SW1-GigabitEthernet0/0/1]quit

[SW1]interface GigabitEthernet 0/0/3

[SW1-GigabitEthernet0/0/3]port link-type access

[SW1-GigabitEthernet0/0/3]port defaultVLAN3

[SW1-GigabitEthernet0/0/3]

<SW1>save

[SW2]interface Eth-Trunk 1

[SW2-Eth-Trunk1]port trunk pvid vlan 5

[SW2-Eth-Trunk1]quit

[SW2]interface GigabitEthernet 0/0/2

[SW2-GigabitEthernet0/0/2]port link-type access

[SW2-GigabitEthernet0/0/2]port default vlan 6

[SW2-GigabitEthernet0/0/2]quit

```
[SW2]interface GigabitEthernet 0/0/4
[SW2-GigabitEthernet0/0/4]port link-type access
[SW2-GigabitEthernet0/0/4]port default vlan 7
[SW2-GigabitEthernet0/0/4]
<SW2>save
```

(4) 配置 VLANIF 三层接口(分别为 SW1 上的 VLANIF 3、VLANIF 4 和 VLANIF 5 以及 SW2 上的 VLANIF 5、VLANIF 6 和 VLANIF 7 配置 IP 地址)。

```
[SW1]interface Vlanif 3
[SW1-Vlanif3]ip address 10.0.3.254 24
[SW1-Vlanif3]interface Vlanif 4
[SW1-Vlanif4]ip address 10.0.4.254 24
[SW1-Vlanif4]interface Vlanif 5
[SW1-Vlanif5]ip address 10.0.5.1 24
[SW1-Vlanif5]
<SW1>save

[SW2]interface Vlanif 5
[SW2-Vlanif5]ip address 10.0.5.2 24
[SW2-Vlanif5]interface Vlanif 6
[SW2-Vlanif6]ip address 10.0.6.254 24
[SW2-Vlanif6]interface Vlanif 7
[SW2-Vlanif7]ip address 10.0.7.254 24
[SW2-Vlanif7]
<SW2>save
```

(5) 为 R1、R2、SW3 和 SW4 配置 IP 地址和缺省路由。

```
[R1]ip route-static 0.0.0.0 0.0.0.0 10.0.4.254
[R1]
<R1>save

[SW3]interface Vlanif 1
[SW3-Vlanif1]ip address 10.0.3.3 24
[SW3-Vlanif1]quit
[SW3]ip route-static 0.0.0.0 0.0.0.0 10.0.3.254
[SW3]
<SW3>save

[R2]ip route-static 0.0.0.0 0.0.0.0 10.0.6.254
[R2]
<R2>save
```

```
[SW4]interface Vlanif 1
[SW4-Vlanif1]ip address 10.0.7.4 24
[SW4-Vlanif1]quit
[SW4]ip route-static 0.0.0.0 0.0.0.0 10.0.7.254
[SW4]
<SW4>save
```

此时在 R1 上检测连通性，我们可以发现：能 ping 通 SW3，但不能 ping 通 R2、SW4。

(6) 在 SW1 和 SW2 上配置 OSPF 协议。

```
[SW1]ospf
[SW1-ospf-1]area 0
[SW1-ospf-1-area-0.0.0.0]network 10.0.0.0 0.255.255.255
[SW1-ospf-1-area-0.0.0.0]
<SW1>save

[SW2]ospf
[SW2-ospf-1]area 0
[SW2-ospf-1-area-0.0.0.0]network 10.0.0.0 0.255.255.255
[SW2-ospf-1-area-0.0.0.0]
<SW2>save
```

再次在 R1 上检测连通性，都能 ping 通。

3. 任务评价

(1) 下载任务 21 参考答案包。

(2) 解压任务 21 参考答案包。

(3) 重新启动 eNSP，依次选择“菜单”→“考试”→“阅卷”。在弹出的“阅卷”对话框中，在“标准答案文件路径”文本框中选择下载的“参考答案”文件夹中的文件，在“学生答案保存路径”文本框中选择交卷时的位置，再单击“阅卷”按钮，如图 0-9 所示，在弹出的对话框中选择“是”，即可看到阅卷结果。

4. 拓展知识

扫描下面的二维码即可在手机上阅读拓展知识。

任务22　配置ACL过滤企业数据

任务拓扑

任务22拓扑如图22-1所示。

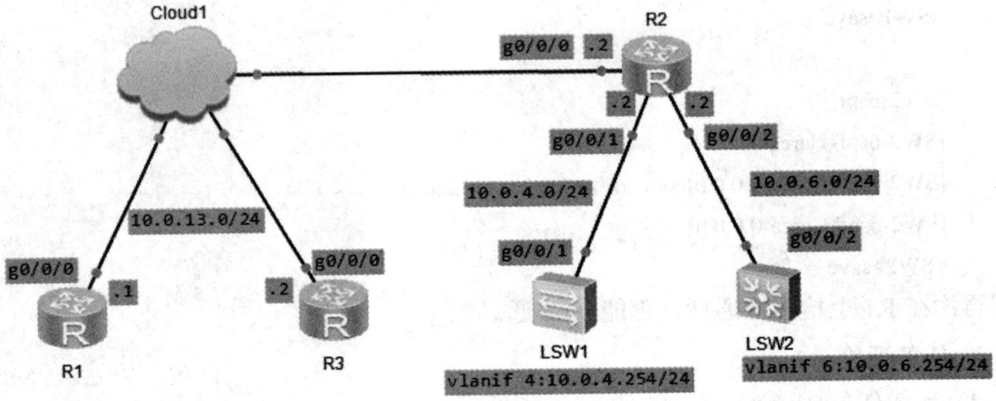

图22-1　任务22拓扑

企业部署了三个网络，其中R2连接的是公司总部网络，R1和R3分别连接两个不同分支的网络，这三台设备通过广域网相连。员工使用Telnet和FTP服务的权限：R1所在分支的员工只允许访问公司总部网络中的Telnet服务器，R3所在分支的员工只允许访问FTP服务器。

任务要求

(1) 按拓扑图配置各接口的IP地址及更改其名称。

(2) 配置SW1和SW2连接路由器的端口为Trunk端口，并修改PVID使物理端口加入三层VLANIF逻辑接口。

(3) 在R1、R2和R3上配置OSPF，三台设备均在区域0中，并发布各自的直连网段信息。

(4) 在SW1和SW2上配置缺省静态路由，指定下一跳为各自连接的路由器网关。

(5) 配置ACL过滤报文：

① 将SW1配置为Telnet服务器。

② 将SW2配置为FTP服务器。

(6) 在R2上配置ACL，只允许R1访问Telnet服务器，只允许R3访问FTP服务器。

任务目标

(1) 掌握高级ACL的配置方法；

(2) 掌握ACL在接口下的应用方法。

相关知识

1. ACL概述

随着网络规模的扩大和流量的增加，对网络安全的控制和对带宽的分配成为了网络管理的重要内容。通过对报文进行过滤，可以有效防止非法用户对网络的访问，同时也可以控制流量、节约网络资源。ACL(Access Control List，访问控制列表)即是通过配置对报文的匹配规则和处理操作来实现包过滤的功能。ACL通过一系列的匹配条件对报文进行分类，这些条件可以是报文的源MAC地址、目的MAC地址、源IP地址、目的IP地址、端口号等。

2. ACL的应用方式

ACL支持以下两种应用方式：

(1) 基于硬件的应用：ACL被下发到硬件，如将ACL应用到端口或VLAN接口对报文进行过滤，或在配置QoS功能时引用ACL，以对报文进行流分类。需要注意的是，当ACL被QoS功能引用时，ACL规则中定义的动作(deny或permit)不起作用，交换机对匹配此ACL的报文采取的动作由QoS中流行为定义的动作决定。

(2) 基于软件的应用：ACL被上层软件引用，如配置登录用户控制功能时引用ACL，对Telnet、SNMP和WEB用户进行控制。需要注意的是，当ACL被上层软件引用时，交换机对匹配此ACL的报文采取的动作由ACL规则中定义的动作(deny或permit)决定。

3. IPv4 ACL分类

IPv4 ACL根据ACL序号来区分不同的ACL，可以分为三种类型，如表22-1所示。

表22-1 IPv4 ACL类型、序号及区分报文的依据

IPv4 ACL类型	ACL序号范围	区分报文的依据
基本IPv4 ACL	2000～2999	只根据报文的源IP地址信息制定匹配规则
高级IPv4 ACL	3000～3999	根据报文的源IP地址信息、目的IP地址信息、IP承载的协议类型、协议的特性等三、四层信息制定匹配规则
二层ACL	4000～4999	根据报文的源MAC地址、目的MAC地址、802.1p优先级、二层协议类型等二层信息制定匹配规则

4. IPv4 ACL 命名

用户在创建 IPv4 ACL 时，可以为 ACL 指定一个名称。每个 IPv4 ACL 最多只能有一个名称。命名的 ACL 使用户可以通过名称唯一地确定一个 IPv4 ACL，并对其进行相应的操作。在创建 ACL 时，用户可以选择是否配置名称。ACL 创建后，不允许用户修改或者删除 ACL 名称，也不允许为未命名的 ACL 添加名称。

IPv4 ACL 的名称对于 IPv4 ACL 全局唯一，但允许与 IPv6 ACL 使用相同的名称。

5. IPv4 ACL 匹配顺序

一个 ACL 中可以包含多个规则，而每个规则都指定不同的报文匹配选项，这些规则可能存在重复或矛盾的地方，在将一个报文和 ACL 的规则进行匹配时，需要确定规则的匹配顺序。IPv4 ACL 支持两种匹配顺序：

配置顺序：按照用户配置规则的先后顺序进行规则匹配。

自动排序：按照“深度优先”的顺序进行规则匹配。

(1) 基本 IPv4 ACL 的“深度优先”顺序判断原则如下：

① 先比较源 IP 地址范围，源 IP 地址范围小(反掩码中“0”位的数量多)的规则优先；

② 如果源 IP 地址范围也相同，则先配置的规则优先。

(2) 高级 IPv4 ACL 的“深度优先”顺序判断原则如下：

① 先比较协议范围，指定了 IP 协议承载的协议类型的规则优先；

② 如果协议范围相同，则比较源 IP 地址范围，源 IP 地址范围小(反掩码中“0”位的数量多)的规则优先；

③ 如果协议范围、源 IP 地址范围相同，则比较目的 IP 地址范围，目的 IP 地址范围小(反掩码中“0”位的数量多)的规则优先；

④ 如果协议范围、源 IP 地址范围、目的 IP 地址范围相同，则比较四层端口号(TCP/UDP 端口号)范围，四层端口号范围小的规则优先；

⑤ 如果上述范围都相同，则先配置的规则优先。

(3) 二层 ACL 的“深度优先”顺序判断原则如下：

① 先比较源 MAC 地址范围，源 MAC 地址范围小(掩码中“1”位的数量多)的规则优先；

② 如果源 MAC 地址范围相同，则比较目的 MAC 地址范围，目的 MAC 地址范围小(掩码中“1”位的数量多)的规则优先；

③ 如果源 MAC 地址范围、目的 MAC 地址范围相同，则先配置的规则优先。

在报文匹配规则时，会按照匹配顺序去匹配定义的规则，一旦有一条规则被匹配，报文就不再继续匹配其他规则了，交换机将对该报文执行第一次匹配的规则指定的动作。

6. IPv4 ACL 步长

(1) 步长的含义。

步长是指交换机自动为 ACL 规则分配编号时，每个相邻规则编号之间的差值。例如：如果将步长设定为 5，规则编号分配是按照 0、5、10、15……这样的规律分配的。缺省情况下，步长为 5。当步长改变后，ACL 中的规则编号会自动重新排列。例如：原来规则编号为 0、5、10、15，当通过命令把步长改为 2 后，则规则编号变成 0、2、4、6。当使用命令将步长恢复为缺省值后，交换机将立刻按照缺省步长调整 ACL 规则的编号。例如：ACL3001，步长为 2，下面有 4 个规则，编号为 0、2、4、6。如果此时使用命令将步长恢复为缺省值，则 ACL 规则编号变成 0、5、10、15，步长为 5。

(2) 步长的作用

用户可以使用步长方便地在规则之间插入新的规则。例如：配置好了 4 个规则，规则编号为 0、5、10、15，此时如果用户希望能在第一条规则之后插入一条规则，则可以使用命令在 0 和 5 之间插入一条编号为 1 的规则。另外，在定义一条 ACL 规则时，用户可以不指定规则编号，系统会从 0 开始，按照步长，自动为规则分配一个大于现有最大编号的最小编号。假设现有规则的最大编号是 28，步长是 5，那么系统分配给新定义的规则的编号将是 30。

7. IPv4 ACL 生效时间段

时间段用于描述一个特殊的时间范围。一些 ACL 规则需要在某个或某些特定时间内生效，而在其他时间段则不利用它们进行报文过滤，即通常所说的按时间段过滤。这时，用户就可以先配置一个或多个时间段，然后在相应的规则下通过时间段名称引用该时间段，这条规则只在该指定的时间段内生效，从而实现基于时间段的 ACL 过滤。如果规则引用的时间段未配置，则系统给出提示信息，并允许这样的规则创建成功，但是规则不能立即生效，直到用户配置了引用的时间段，并且系统时间在指定时间段范围内 ACL 规则才能生效。

8. IPv4 ACL 对分片报文的处理

传统的报文过滤并不处理所有 IP 报文分片，而是只对第一个(首片)分片报文进行匹配处理，后续分片一律放行。这样，网络攻击者可能构造后续的分片报文进行流量攻击，就带来了安全隐患。在 IPv4 ACL 的规则配置项中，通过关键字 fragment 来标识该 ACL 规则仅对非首片分片报文有效，而对非分片报文和首片分片报文无效，不包含此关键字的规则项对非分片报文和分片报文均有效。

操作步骤

1. 任务准备

(1) 下载任务 22 原件包。

(2) 解压任务 22 原件包。

(3) 双击“任务 22 配置 ACL 过滤企业数据.paper”，启动任务。

2. 任务操作

(1) 按拓扑图配置各接口的 IP 地址及更改其名称。

在 R1 上配置：

```
Huawei>sys
[Huawei]sysname R1
[R1]int g0/0/0
[R1-GigabitEthernet0/0/0]ip add 10.0.13.1 24
```

```
[R1-GigabitEthernet0/0/0]undo shutdown
[R1-GigabitEthernet0/0/0]
<R1>save
```

在 R3 上配置：

```
Huawei>sys
[Huawei]sysname R3
[R3]int g0/0/0
[R3-GigabitEthernet0/0/0]ip add 10.0.13.3 24
[R3-GigabitEthernet0/0/0]undo shutdown
[R3-GigabitEthernet0/0/0]
<R3>save
```

在 R2 上配置：

```
Huawei>sys
[Huawei]sysname R2
[R2]int g0/0/0
[R2-GigabitEthernet0/0/0]ip add 10.0.13.2 24
[R2-GigabitEthernet0/0/0]int g0/0/1
[R2-GigabitEthernet0/0/1]ip add 10.0.4.2 24
[R2-GigabitEthernet0/0/1]int g0/0/2
[R2-GigabitEthernet0/0/2]ip add 10.0.6.2 24
[R2-GigabitEthernet0/0/2]                    //按 Ctrl+Z
<R2>save
```

在 SW1 上配置：

```
<Huawei>sys
[Huawei]sysname SW1
[SW1]vlan 4
[SW1-vlan4]quit
[SW1]interface vlanif 4
[SW1-Vlanif4]ip address 10.0.4.254 24
[SW1-Vlanif4]
<SW1>save
```

在 SW2 上配置：

```
<Huawei>sys
[Huawei]sysname SW2
[SW2]vlan6
[SW2-vlan6]quit
[SW2]interface vlanif 6
[SW2-Vlanif6]ip address 10.0.6.254 24
[SW2-Vlanif6]
```

```
<SW2>save
```

(2) 配置SW1和SW2连接路由器的端口为Trunk端口，并通过修改PVID使物理端口加入三层VLANIF逻辑接口。

```
[SW1]interface GigabitEthernet 0/0/1
[SW1-GigabitEthernet0/0/1]port link-type trunk
[SW1-GigabitEthernet0/0/1]port trunk allow-pass vlan all
[SW1-GigabitEthernet0/0/1]port trunk pvid vlan 4
[SW1-GigabitEthernet0/0/1]
<SW1>save

[SW2]interface GigabitEthernet 0/0/2
[SW2-GigabitEthernet0/0/2]port link-type trunk
[SW2-GigabitEthernet0/0/2]port trunk allow-pass vlan all
[SW2-GigabitEthernet0/0/2]port trunk pvid vlan 6
[SW2-GigabitEthernet0/0/2]
<SW2>save
```

(3) 在R1、R2和R3上配置OSPF，三台设备均在区域0中，并发布各自的直连网段信息。

```
[R1]ospf
[R1-ospf-1]area 0
[R1-ospf-1-area-0.0.0.0]network 10.0.13.0 0.0.0.255
[R1-ospf-1-area-0.0.0.0]
<R1>save

[R2]ospf
[R2-ospf-1]area 0
[R2-ospf-1-area-0.0.0.0]network 10.0.13.0 0.0.0.255
[R2-ospf-1-area-0.0.0.0]network 10.0.4.0 0.0.0.255
[R2-ospf-1-area-0.0.0.0]network 10.0.6.0 0.0.0.255
[R2-ospf-1-area-0.0.0.0]
<R2>save

[R3]ospf
[R3-ospf-1]area 0
[R3-ospf-1-area-0.0.0.0]network 10.0.13.0 0.0.0.255
[R3-ospf-1-area-0.0.0.0]
<R3>save
```

(4) 在SW1和SW2上配置缺省静态路由，指定下一跳为各自连接的路由器网关。

```
[SW1]ip route-static 0.0.0.0 0.0.0.0 10.0.4.2
```

```
[SW2]ip route-static 0.0.0.0 0.0.0.0 10.0.6.2
```

检测网络的连通性：

在 R1 ping 10.0.6.254 和 10.0.4.254(应该全通)。

在 R3 ping 10.0.6.254 和 10.0.4.254(应该全通)。

(5) 配置 ACL 过滤报文。

① 将 SW1 配置为 Telnet 服务器：

```
[SW1]user-interface vty 0 4
[SW1-ui-vty0-4]authentication-mode password
[SW1-ui-vty0-4]set authentication password cipher huawei
[SW1-ui-vty0-4]
<SW1>save
```

② 将 SW2 配置为 FTP 服务器：

```
[SW2]ftp server enable                          //启动 FTP 服务
[SW2]aaa        //AAA 是认证(Authentication)、授权(Authorization)和计费(Accounting)的简称，
是网络安全中进行访问控制的一种安全管理机制，提供认证、授权和计费三种安全服务
[SW2-aaa]local-user huawei password simple 123456       //设置 huawei 密码为 123456
[SW2-aaa]local-user huawei privilege level 15           //设置登录权限
[SW2-aaa]local-user huawei service-type ftp
[SW2-aaa]local-user huawei ftp-directory flash:         //设置 FTP 主目录(注意："flash"后的
                                                         冒号不能省略掉)
[SW2-aaa]quit
[SW2]user-interface vty 0 4
[SW2-ui-vty0-4]authentication-mode aaa
[SW2-ui-vty0-4]
<SW2>save
```

(6) 在 R2 上配置 ACL，只允许 R1 访问 Telnet 服务器，只允许 R3 访问 FTP 服务器。

```
[R2]acl 3000
[R2-acl-adv-3000]rule 5 permit tcp source 10.0.13.1 0.0.0.0 destination
10.0.4.254 0.0.0.0 destination-port eq 23
[R2-acl-adv-3000]rule 10 permit tcp source 10.0.13.3 0.0.0.0 destination
10.0.6.254 0.0.0.0 destination-port range 20 21
[R2-acl-adv-3000]rule 15 deny ip source any
[R2-acl-adv-3000]quit
[R2]int g0/0/0
[R2-GigabitEthernet0/0/0]traffic-filter inbound acl 3000
[R2-GigabitEthernet0/0/0]
<R2>save
```

再次检测网络的连通性：

在 R1 执行 ping 10.0.6.254； ping 10.0.4.254(应该不通)。在 R3 执行 ping 10.0.6.254；

ping 10.0.4.254(应该不通)。

但是：在 R1 上能通过 Telnet 登录 SW1，如图 22-2 所示。

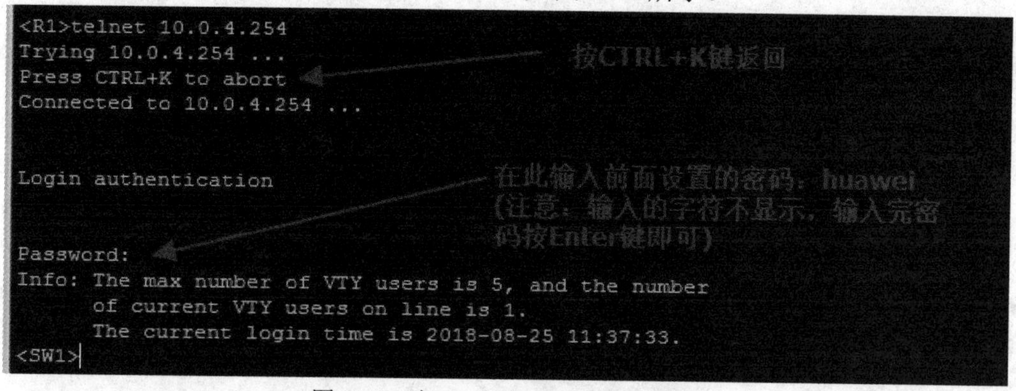

图 22-2　在 R1 上由 Telnet 登录 SW1

在 R3 上能登录 SW2 的 FTP 服务，如图 22-3 所示。

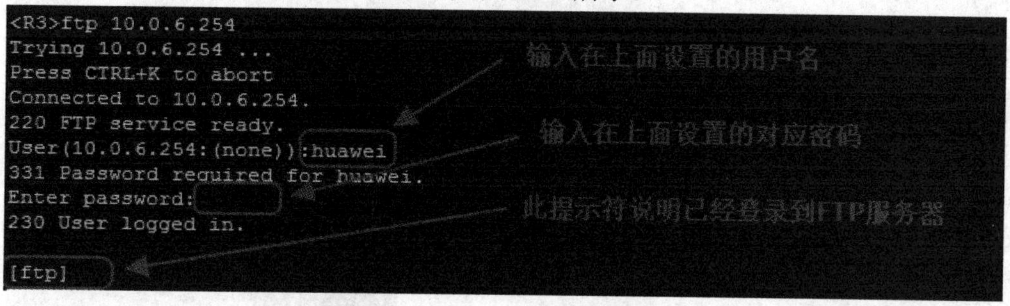

图 22-3　在 R3 上登录 SW2 的 FTP

3. 任务评价

(1) 下载任务 22 参考答案包。

(2) 解压任务 22 参考答案包。

(3) 重新启动 eNSP，依次选择“菜单”→“考试”→“阅卷”。在弹出的“阅卷”对话框中，在“标准答案文件路径”文本框中选择下载的“参考答案”文件夹中的文件，在“学生答案保存路径”文本框中选择交卷时的位置，再单击“阅卷”按钮，如图 0-9 所示，在弹出的对话框中选择“是”，即可看到阅卷结果。

4. 拓展知识

扫描下面的二维码即可在手机上阅读拓展知识。

任务 23　NAT 的配置

任务拓扑

任务 23 拓扑如图 23-1 所示。

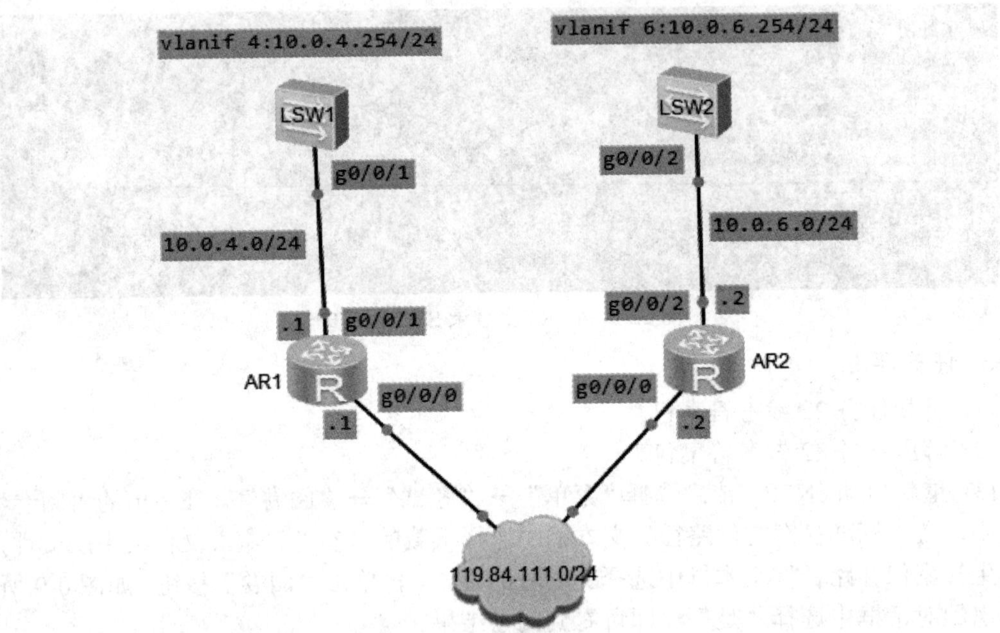

图 23-1　任务 23 拓扑

为了节省 IP 地址，通常企业内部使用的是私有地址。然而，企业用户不仅需要访问私网，也需要访问公网。企业的网络管理员需要在两个企业分支机构的边缘路由器 R1 和 R2 上配置 NAT 功能，使私网用户可以访问公网。本任务中，需要在 R1 上配置动态 NAT，在 R2 上配置 Easy IP，以实现地址转换。

任务要求

(1) 按拓扑图配置各接口的 IP 地址及更改其名称。

(2) 在 SW1 和 SW2 上将连接路由器的端口配置为 Trunk 端口，并通过修改 PVID 使

物理端口加入 VLANIF 三层逻辑口

(3) 测试 R1 与 SW1、R2 及 SW2 的连通性。

(4) 在 R1 上配置高级 ACL，匹配特定的流量进行 NAT 地址转换，特定流量为 SW1 向 R2 发起的 Telnet 连接的 TCP 流量，以及源 IP 为 10.0.4.0/24 网段的 IP 数据流。

(5) 在 R2 上配置基本 ACL，匹配需要进行 NAT 地址转换的流量为源 IP 为 10.0.6.0/24 网段的数据流。

(6) 在 SW1 和 SW2 上配置缺省静态路由，指定下一跳为私网的网关。

(7) 在 R1 上配置动态 NAT，首先配置地址池，然后在 G0/0/0 接口下将 ACL 与地址池关联起来，使得匹配 ACL3000 的数据报文的源地址选用地址池中的某个地址进行 NAT 转换。

(8) 将 R2 配置为 Telnet 服务器。

(9) 在 R1、R2 上配置 OSPF 路由，使网络连通。

(10) 在 SW1 上测试内网到外网的连通性；在 SW1 上建立起到达远端公网设备的 Telnet 连接。

(11) 在 R2 的 G0/0/0 接口配置 Easy IP，并关联 ACL 2000。

任务目标

(1) 掌握动态 NAT 的配置方法；

(2) 掌握 Easy IP 的配置方法。

相关知识

1. NAT

NAT(Network Address Translation，网络地址转换)是 1994 年提出的。当在专用网内部的一些主机本来已经分配到了本地 IP 地址(即仅在本专用网内使用的专用地址)，但现在又想和因特网上的主机通信(并不需要加密)时，可使用 NAT 方法。

(1) NAT 的功能。

① 宽带分享：这是 NAT 主机的最主要功能。

② 安全防护：NAT 之内的 PC 联机到 Internet 时，它所显示的 IP 是 NAT 主机的公共 IP，所以 Client 端的 PC 具有一定程度的安全性，外界在进行 PortScan(端口扫描)时，就侦测不到源 Client 端的 PC。

(2) NAT 的实现方法。

NAT 的实现方式有三种，即静态转换(Static Nat)、动态转换(Dynamic Nat)和端口多路复用(Port Address Translation，PAT)。

静态转换是指将内部网络的私有 IP 地址转换为公有 IP 地址，IP 地址对是一对一、一成不变的，某个私有 IP 地址只转换为某个公有 IP 地址。借助于静态转换，可以实现外部网络对内部网络中某些特定设备(如服务器)的访问。

动态转换是指将内部网络的私有 IP 地址转换为公用 IP 地址时，IP 地址是不确定、随机的，所有被授权访问 Internet 的私有 IP 地址可随机转换为任何指定的合法 IP 地址。也就是说，只要指定哪些内部地址可以进行转换，以及用哪些合法地址作为外部地址时，就可以进行动态转换。动态转换可以使用多个合法外部地址集。当 ISP 提供的合法 IP 地址略少于网络内部的计算机数量时，可以采用动态转换的方式。

端口多路复用是指改变外出数据包的源端口并进行端口转换，即端口地址转换(Port Address Translation，PAT)。采用端口多路复用方式，内部网络的所有主机均可共享一个合法外部 IP 地址实现对 Internet 的访问，从而可以最大限度地节约 IP 地址资源。同时，又可隐藏网络内部的所有主机，有效避免来自 Internet 的攻击。因此，目前网络中应用最多的就是端口多路复用方式。

2. NAPT

由于 NAT 实现的是私有 IP 和 NAT 的公共 IP 之间的转换，因此私有网中同时与公共网进行通信的主机数量就受到了 NAT 的公共 IP 地址数量的限制。为了克服这种限制，NAT 被进一步扩展到在进行 IP 地址转换的同时实现 Port 的转换，这就是网络地址端口转换(Network Address Port Translation，NAPT)技术。

NAPT 与 NAT 的区别在于，NAPT 不仅转换 IP 包中的 IP 地址，还对 IP 包中 TCP 和 UDP 的 Port 进行转换。这使得多台私有网主机利用 1 个 NAT 公共 IP 就可以同时和公共网进行通信(NAPT 增加了对 TCP 和 UDP 的端口号的转换)。

3. EasyIP

EasyIP 方式的实现原理与上节介绍的地址池 NAPT 转换原理类似，可以算是 NAPT 的一种特例，不同的是 EasyIP 方式可以自动根据路由器上 WAN 接口的公网 IP 地址实现与私网 IP 地址之间的映射(无需创建公网地址池)。

EasyIP 主要应用于将路由器 WAN 接口 IP 地址作为要被映射的公网 IP 地址的情形，特别适合小型局域网接入 Internet 的情况。这里的小型局域网主要指中小型网吧、小型办公室等环境，一般具有以下特点：内部主机较少、出接口通过拨号方式获得临时(或固定)公网 IP 地址以供内部主机访问 Internet。

操作步骤

1. 任务准备

(1) 下载任务 23 原件包。

(2) 解压任务 23 原件包。

(3) 双击“任务 23 NAT 的配置.paper”，启动任务。

2. 任务操作

(1) 按拓扑图配置各接口的 IP 地址及更改其名称。

在 R1 上配置：

```
Huawei>sys
[Huawei]sysname R1
```

```
[R1]int g0/0/0
[R1-GigabitEthernet0/0/0]ip add 119.84.111.1 24
[R1-GigabitEthernet0/0/0]undo shutdown
[R1-GigabitEthernet0/0/0]int g0/0/1
[R1-GigabitEthernet0/0/1]ip add 10.0.4.1 24
[R1-GigabitEthernet0/0/1]undo shutdown
[R1-GigabitEthernet0/0/1]                    //按 Ctrl+Z
<R1>save
```

在 R2 上配置：

```
Huawei>sys
[Huawei]sysname R2
[R2]int g0/0/0
[R2-GigabitEthernet0/0/0]ip add 119.84.111.2   24
[R2-GigabitEthernet0/0/0]undo shutdown
[R2-GigabitEthernet0/0/0]int g0/0/2
[R2-GigabitEthernet0/0/2]ip add 10.0.6.2 24
[R2-GigabitEthernet0/0/2]                    //按 Ctrl+Z
<R2>save
```

在交换机 SW1 上配置：

```
[Huawei]sysname SW1
[SW1]vlan 4
[SW1-vlan4]quit
[SW1]interface vlanif 4
[SW1-Vlanif4]ip address 10.0.4.254 24
[SW1-Vlanif4]
<SW1>save
```

在交换机 SW2 上配置：

```
[Huawei]sysname SW2
[SW2]vlan 6
[SW2-vlan6]quit
[SW2]interface vlanif 6
[SW2-Vlanif6]ip address 10.0.6.254 24
[SW2-Vlanif6]
<SW2>save
```

(2) 在 SW1 和 SW2 上将连接路由器的端口配置为 Trunk 端口，并通过修改 PVID 使物理端口加入 VLANIF 三层逻辑口。

```
[SW1]interface GigabitEthernet 0/0/1
[SW1-GigabitEthernet0/0/1]port link-type trunk
[SW1-GigabitEthernet0/0/1]port trunk pvid vlan 4
```

```
[SW1-GigabitEthernet0/0/1]port trunk allow-pass vlan all
[SW1-GigabitEthernet0/0/1]
<SW1>save

[SW2]interface GigabitEthernet 0/0/2
[SW2-GigabitEthernet0/0/2]port link-type trunk
[SW2-GigabitEthernet0/0/2]port trunk pvid vlan 6
[SW2-GigabitEthernet0/0/2]port trunk allow-pass vlan all
[SW2-GigabitEthernet0/0/2]
<SW2>save
```

(3) 测试 R1 与 SW1、R2 及 SW2 的连通性。

```
<R1>ping 10.0.4.254        (通)
<R1>ping 119.84.111.2      (通)
<R1>ping 10.0.6.254        (不通)
```

(4) 在 R1 上配置高级 ACL，匹配特定的流量进行 NAT 地址转换，特定流量为 SW1 向 R2 发起的 Telnet 连接的 TCP 流量，以及源 IP 为 10.0.4.0/24 网段的 IP 数据流。

```
[R1]acl 3000
[R1-acl-adv-3000]rule 5 permit tcp source 10.0.4.254 0.0.0.0 destination
119.84.111.2 0.0.0.0 destination-port eq 23
[R1-acl-adv-3000]rule 10 permit ip source 10.0.4.0 0.0.0.255 destination any
[R1-acl-adv-3000]rule 15 deny ip
[R1-acl-adv-3000]
<R1>save
```

(5) 在 R2 上配置基本 ACL，匹配需要进行 NAT 地址转换的流量为源 IP 为 10.0.6.0/24 网段的数据流。

```
[R2]acl 2000
[R2-acl-basic-2000]rule permit source 10.0.6.0 0.0.0.255
[R2-acl-basic-2000]
<R2>save
```

(6) 在 SW1 和 SW2 上配置缺省静态路由，指定下一跳为私网的网关。

```
[SW1]ip route-static 0.0.0.0 0.0.0.0 10.0.4.1
[SW1]
<SW1>save

[SW2]ip route-static 0.0.0.0 0.0.0.0 10.0.6.2
[SW2]
<SW2>save
```

(7) 在 R1 上配置动态 NAT，首先配置地址池，然后在 G0/0/0 接口下将 ACL 与地址池关联起来，使得匹配 ACL3000 的数据报文的源地址选用地址池中的某个地址进行 NAT

转换。

```
[R1]nat address-group 1 119.84.111.240 119.84.111.243
[R1]interface GigabitEthernet 0/0/0
[R1-GigabitEthernet0/0/0]nat outbound 3000 address-group 1
[R1-GigabitEthernet0/0/0]
<R1>save
```

(8) 将 R2 配置为 Telnet 服务器。

```
[R2]user-interface vty 0 4
[R2-ui-vty0-4]authentication-mode password        //设置密码为 111111
[R2-ui-vty0-4]set authentication password cipher 111111
[R2-ui-vty0-4]                          //按 Ctrl+Z
<R2>save
```

查看地址池配置是否正确，如图 23-2 所示。

```
<R1>display nat address-group
```

```
<R1>display nat address-group

 NAT Address-Group Information:
 --------------------------------------
 Index   Start-address      End-address
 --------------------------------------
 1       119.84.111.240   119.84.111.243
 --------------------------------------
  Total : 1
<R1>
```

图 23-2　查看地址池配置是否正确

(9) 在 R1、R2 上配置 OSPF 路由，使网络连通。

```
[R1]OSPF
[R1-ospf-1]area 0
[R1-ospf-1-area-0.0.0.0]network 10.0.4.1 0.0.0.0
[R1-ospf-1-area-0.0.0.0]network 119.84.111.1 0.0.0.0
[R1-ospf-1-area-0.0.0.0]
<R1>save

[R2]OSPF
[R2-ospf-1]area 0
[R2-ospf-1-area-0.0.0.0]network 10.0.6.2 0.0.0.0
[R2-ospf-1-area-0.0.0.0]network 119.84.111.2 0.0.0.0
[R2-ospf-1-area-0.0.0.0]
<R2>save
```

在 SW1 上测试内网到外网的连通性，如图 23-3 所示。

```
<SW1>ping 119.84.111.2
```

```
<SW1>ping 119.84.111.2
  PING 119.84.111.2: 56  data bytes, press CTRL_C to break
    Reply from 119.84.111.2: bytes=56 Sequence=1 ttl=254 time=80 ms
    Reply from 119.84.111.2: bytes=56 Sequence=2 ttl=254 time=80 ms
    Reply from 119.84.111.2: bytes=56 Sequence=3 ttl=254 time=60 ms
    Reply from 119.84.111.2: bytes=56 Sequence=4 ttl=254 time=100 ms
    Reply from 119.84.111.2: bytes=56 Sequence=5 ttl=254 time=100 ms

  --- 119.84.111.2 ping statistics ---
    5 packet(s) transmitted
    5 packet(s) received
    0.00% packet loss
    round-trip min/avg/max = 60/84/100 ms

<SW1>
```

图 23-3　测试内网到外网的连通性

在 SW1 上建立到达远端公网设备 R2 的 Telnet 连接，如图 23-4 所示。

```
<SW1>telnet 119.84.111.2
```

```
<SW1>telnet 119.84.111.2
Trying 119.84.111.2 ...
Press CTRL+K to abort
Connected to 119.84.111.2 ...

Login authentication


Password:
<R2>
```

注意，输入上面设置的密码时不显示，是看不见的

图 23-4　建立 SW1 到 R2 的 Telnet 连接

由图 23-4 可知，已从 SW1 登录到 R2 了。

若要退出登录，则可用 quit 命令，如图 23-5 所示。

```
<R2>quit
Info: The max number of VTY users is 10, and the number
      of current VTY users on line is 0.
Info: The connection was closed by the remote host.
<SW1>
```

图 23-5　退出登录

(10) 在 R2 的 G0/0/0 接口配置 Easy IP，并关联 ACL 2000。

```
[R2-GigabitEthernet0/0/0]nat outbound 2000
[R2-GigabitEthernet0/0/0]
<R2>save
```

测试 S2 能否经过 R3 连通 R1，并查看配置的 NAT Outbound 的信息，如图 23-6～图 23-8 所示。

```
<SW2>ping 119.84.111.1
  PING 119.84.111.1: 56  data bytes, press CTRL_C to break
    Reply from 119.84.111.1: bytes=56 Sequence=1 ttl=254 time=250 ms
    Reply from 119.84.111.1: bytes=56 Sequence=2 ttl=254 time=90 ms
    Reply from 119.84.111.1: bytes=56 Sequence=3 ttl=254 time=70 ms
    Reply from 119.84.111.1: bytes=56 Sequence=4 ttl=254 time=130 ms
    Reply from 119.84.111.1: bytes=56 Sequence=5 ttl=254 time=70 ms

  --- 119.84.111.1 ping statistics ---
    5 packet(s) transmitted
    5 packet(s) received
    0.00% packet loss
    round-trip min/avg/max = 70/122/250 ms

<SW2>
```

图 23-6　测试 1

```
<R2>display acl 2000
Basic ACL 2000, 1 rule
Acl's step is 5
 rule 5 permit source 10.0.6.0 0.0.0.255
```

图 23-7　测试 2

```
<R2>display nat outbound acl 2000
 NAT Outbound Information:
 --------------------------------------------------------------------------
 Interface                     Acl      Address-group/IP/Interface      Type
 --------------------------------------------------------------------------
 GigabitEthernet0/0/0          2000                   119.84.111.2    easyip
 --------------------------------------------------------------------------
  Total : 1
```

图 23-8　测试 3

3. 任务评价

(1) 下载任务 23 参考答案包。

(2) 解压任务 23 参考答案包。

(3) 重新启动 eNSP，依次选择“菜单”→“考试”→“阅卷”。在弹出的“阅卷”对话框中，在“标准答案文件路径”文本框中选择下载的“参考答案”文件夹中的文件，在“学生答案保存路径”文本框中选择交卷时的位置，再单击“阅卷”按钮，如图 0-9 所示，在弹出的对话框中选择“是”，即可看到阅卷结果。

4. 拓展知识

扫描下面的二维码即可在手机上阅读拓展知识。

任务 24　华为防火墙基本配置

任务拓扑

任务 24 拓扑如图 24-1 所示。

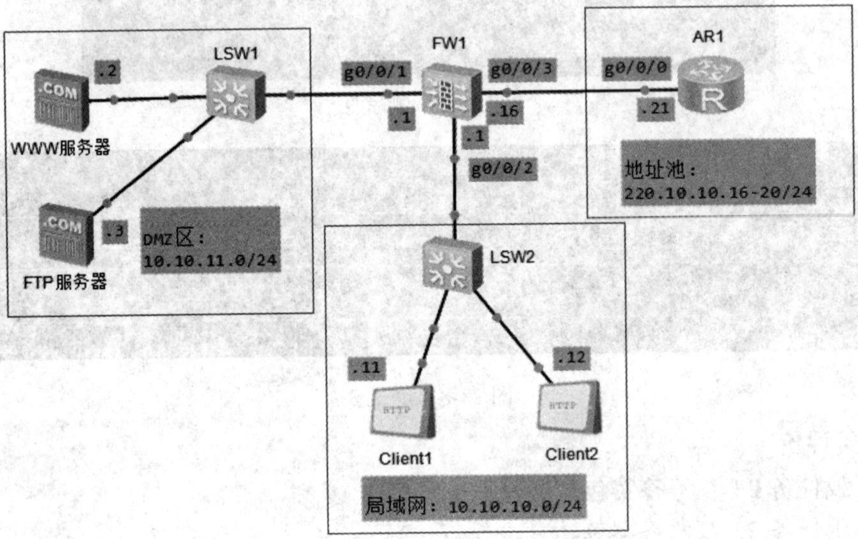

图 24-1　任务 24 拓扑

任务要求

(1) 按拓扑图配置各接口的 IP 地址及更改其名称：

① 配置 WWW 服务器。

② 配置 FTP 服务器。

③ 配置 Client1、Client2 端口 IP 地址。

④ 配置、更名路由器 R1 端口 IP 地址、OSPF 路由。

(2) 配置防火墙 Telnet。

(3) 配置防火墙地址(内网、外网、DMZ、路由)。

(4) 配置防火墙策略：

① Trust 和 Untrust 域间：允许内网用户访问公网。

② DMZ 和 Untrust 域间：从公网访问内部服务器。

③ 应用 FTP 的 NAT ALG 功能。

④ 配置内部服务器。

⑤ 配置 NAT 策略(通过地址池的方式)。

任务目标

(1) 了解防火墙相关知识；

(2) 掌握防火墙的基本配置方法。

相关知识

1. 防火墙的 PC1 配置

防火墙默认的管理接口为 g0/0/0，默认的 IP 地址为 192.168.0.1/24，默认 g0/0/0 接口开启了 dhcp server，默认用户名为 admin，默认密码为 Admin@123。首次配置时，可通过 CTL(ConTroL)线，一端连接 PC 机的 RS232 接口，另一端连接防火墙的 console 口，如图 24-2 所示。

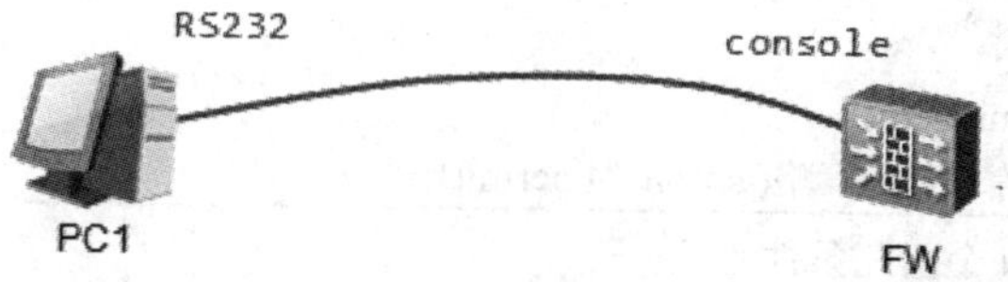

图 24-2　用 CTL 线连接防火墙

在 PC1 的配置窗口，选择“串口”选项卡，单击“连接”按钮，按回车键进入用户视图，如图 24-3 所示，现在即可对防火墙进行各种配置操作了。

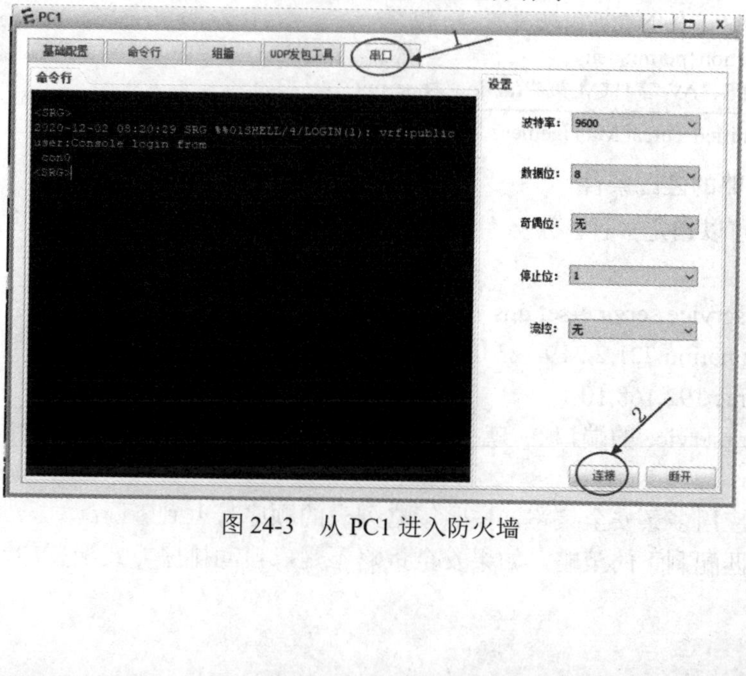

图 24-3　从 PC1 进入防火墙

2. 防火墙的安全策略

本地策略是指与 Local 安全区域有关的域间安全策略，用于控制外界与设备本身的互访。

域间安全策略是指不同的区域之间的安全策略。

域内安全策略是指同一个安全区域之间的策略。缺省情况下，同一安全区域内的数据流都允许通过。域内安全策略没有出入口(Inbound 和 Outbound)方向的区分。策略内按照 policy 的顺序进行匹配，如果 policy 0 匹配，就不用检测 policy 1；与 policy 的 ID 大小没有关系，谁在前就先匹配谁。缺省情况下开放 local 域到其他任意安全区域的缺省包过滤，方便设备自身的对外访问。

其他接口都没有加安全区域，并且其他域间的缺省包过滤关闭。要想设备转发流量必须将接口加入安全区域，并配置域间安全策略或开放缺省包过滤。

3. 安全策略的匹配顺序

安全策略的匹配顺序如表 24-1 所示。

表 24-1　匹配顺序

<table>
<tr><td>policy0：policy source source-address
policy destination destination-address
policy service service-set service-set
policy time-range time-name
……
匹配条件 N
action{permit|deny}
IPS、AV 等 UTM 策略(action 为 permit)</td><td rowspan="4">匹配顺序</td></tr>
<tr><td>policy1：policy 的 N 个匹配条件
action{permit|deny}
IPS、AV 等 UTM 策略(action 为 permit)</td></tr>
<tr><td>……</td></tr>
<tr><td>policyN：policy 的 N 个匹配条件
action{permit|deny}
IPS、AV 等 UTM 策略(action 为 permit)</td></tr>
</table>

注：UTM(Unified Threat Management，安全网关)

4. 安全策略的匹配条件

安全策略可以指定多种匹配条件，报文必须同时满足所有条件才会匹配上策略。例如：

```
policy 1
    policy service service-set dns
policy destination 221.2.219.123 0
policy source 192.168.10.1
```

这里 policy service 的端口 53 就指的是 221.2.219.123 的 53 号端口，可以说是目的地址的 53 号端口。

域间可以应用多条安全策略，按照策略列表的顺序从上到下匹配。只要匹配到一条策略就不再继续匹配剩下的策略。如果安全策略不是以自动排序方式配置的，策略的优先级将按照配置顺序进行排列，越先配置的策略，优先级越高，越先匹配报文。但是也可以手工调整策略之间的优先级。缺省情况下，安全策略不以自动排序方式进行排列。如果安全策略是以自动排序方式配置的，则按照策略 ID 的大小对策略的优先级进行排列，策略 ID 越小，优先级越高，越先匹配报文。此时，策略之间的优先级关系不可调整。“policy create-mode auto-sort enable”命令用来开启安全策略自动排序功能，默认是关闭的。

如果没有匹配到安全策略，将会按缺省包过滤的动作进行处理，所以在配置具体安全策略时要注意与缺省包过滤的关系。例如：安全策略中只允许某些报文通过但是没有关闭缺省包过滤，将造成那些没有匹配到安全策略的流量也会通过，这样就失去配置安全策略的意义了。

同样，如果安全策略中只配置了需要拒绝的流量，其他流量都是允许通过的，这时需要开放缺省包过滤才能实现需求，否则会造成所有流量都不能通过。

执行命令“display this”来查看当前已有的安全策略，策略显示的顺序就是策略的匹配顺序，越靠前的优先级越高。

执行命令“policy move policy-id1 { before | after } policy-id2”，可调整策略优先级。

5. UTM 策略

安全策略中除了基本的包过滤功能，还可以引用 IPS、AV、应用控制等 UTM 策略进行进一步的应用层检测，但前提是匹配到控制动作为 permit 的流量才能进行 UTM 处理，如果匹配到 deny 则直接丢弃报文。

6. 安全策略的应用方向

域间的 Inbound 和 Outbound 方向上都可以应用安全策略，需要根据会话的方向合理应用。因为 USG 是基于会话的安全策略，只对同一会话的首包检测，后续包直接按照首包的动作进行处理。所以对同一条会话来说只需要在首包的发起方向上，也就是访问发起的方向上应用安全策略。

如图 24-4 所示，Trust 域的 PC 访问 Untrust 域的 Server，只需要在 Trust 到 Untrust 的 Outbound 方向上应用安全策略允许 PC 访问 Server 即可，对于 Server 回应 PC 的应答报文会按照首包建立的会话而允许通过。

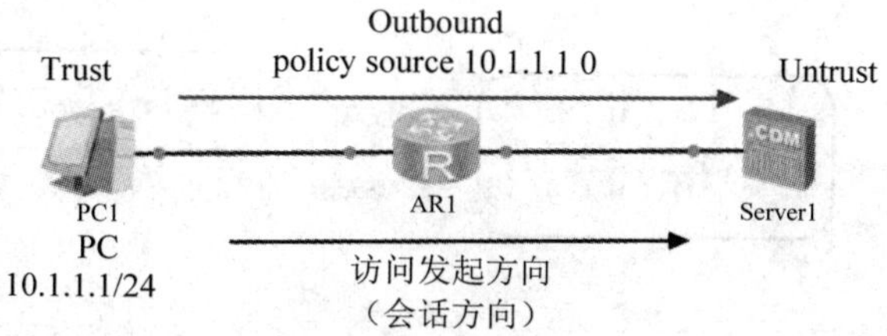

图 24-4　策略应用方向

(1) Trust 和 Untrust 域间：允许内网用户访问公网。

策略一般都是优先级高的在前，优先级低的在后。

policy 1：允许源地址为 10.10.10.0/24 的网段的报文通过，配置 Trust 和 Untrust 域间出方向的防火墙策略。

注意：如果不加 policy source 就是指 any，如果不加 policy destination 目的地址就是指

any。

(2) DMZ 和 Untrust 域间：从公网访问内部服务器。

policy 2：允许目的地址为 10.10.11.2、目的端口为 21 的报文通过。

policy 3：允许目的地址为 10.10.11.3、目的端口为 8080 的报文通过。

配置 Untrust 到 DMZ 域间入方向的防火墙策略，即从公网访问内部服务器，只需要允许访问内网 IP 地址即可，而不需要配置访问公网的 IP 地址。

注意：在域间策略里匹配的顺序和 policy 的数字没有关系，它是从前向后检查，如果前一个策略匹配就不检查下一策略了，假如先写 policy 3 后写 policy 2，那么就先执行 policy 3 中的语句，如果 policy 3 和 policy 2 中有相同的地址，只要上一个匹配就不必执行下一个相同地址了。

操作步骤

1. 任务准备

(1) 下载任务 24 原件包。

(2) 解压任务 24 原件包。

(3) 双击“任务 24 华为防火墙基本配置.paper”，启动任务。

2. 任务操作

(1) 按拓扑图所示配置各接口的 IP 地址及更改其名称。

① 配置 WWW 服务器。首先在本地某个盘创建一个文件夹(如：WEB)，在文件夹中创建一个 WEB 测试页(即主页，如 index.html)；然后配置 WWW 服务器，如图 24-5、图 24-6 所示。

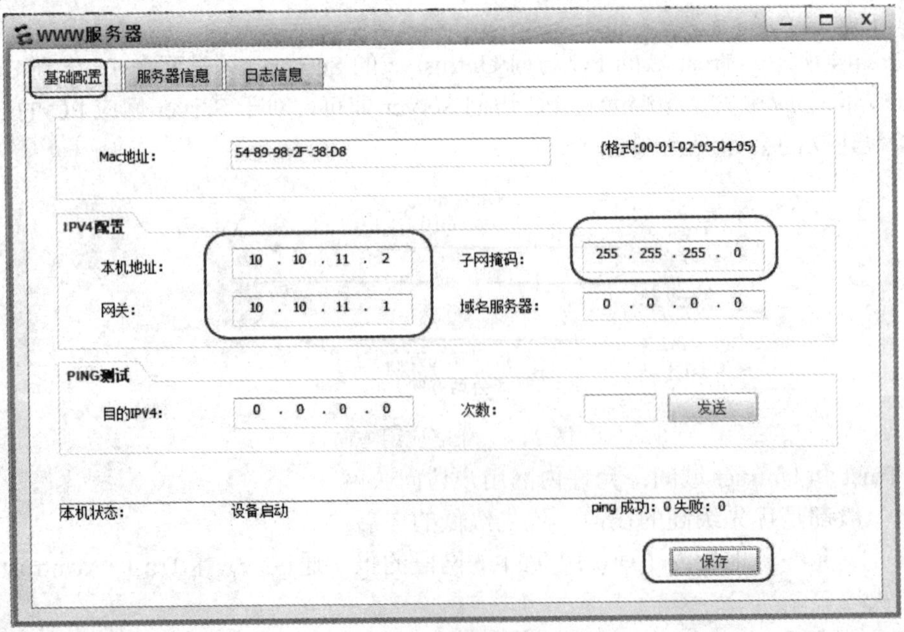

图 24-5 配置服务器 1

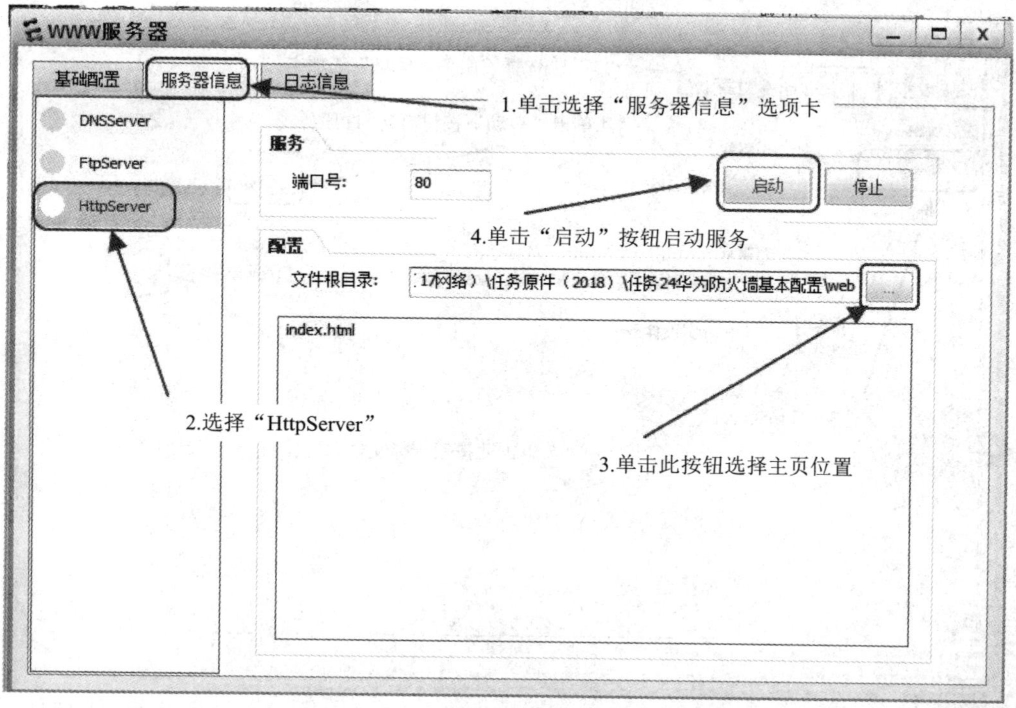

图 24-6　配置服务器 2

② 配置 FTP 服务器。首先在本地某个盘创建一个文件夹(如 FTP)，在文件夹中创建一些测试文件(如 FTP 测试文件.txt)；然后配置 FTP 服务器，如图 24-7、图 24-8 所示。

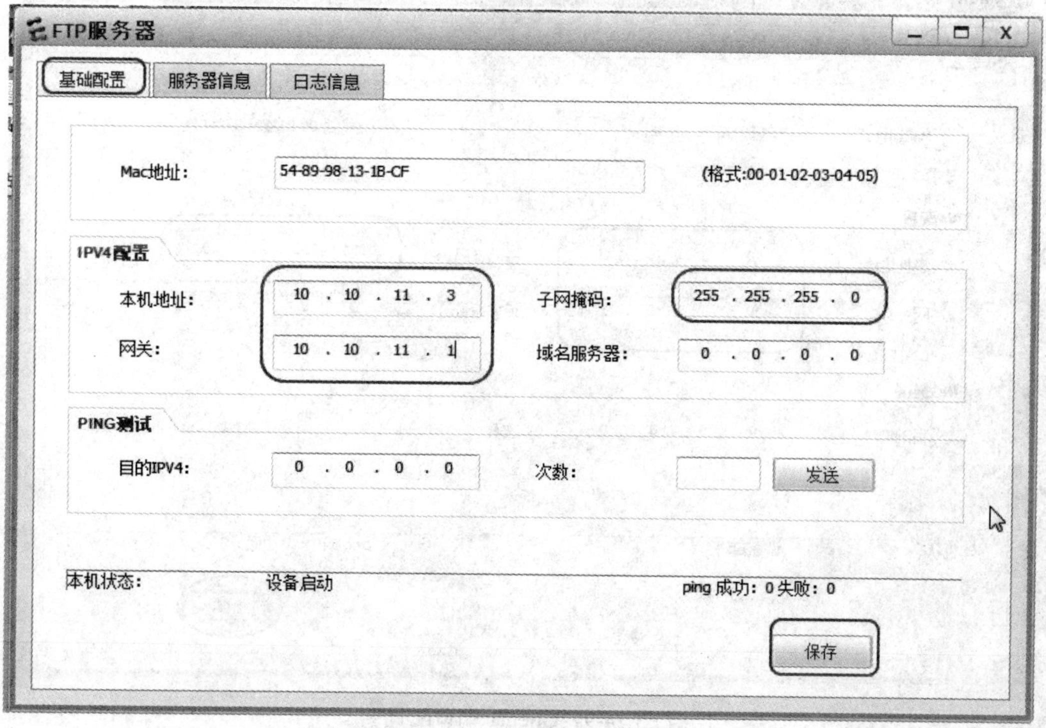

图 24-7　配置 FTP 服务器 1

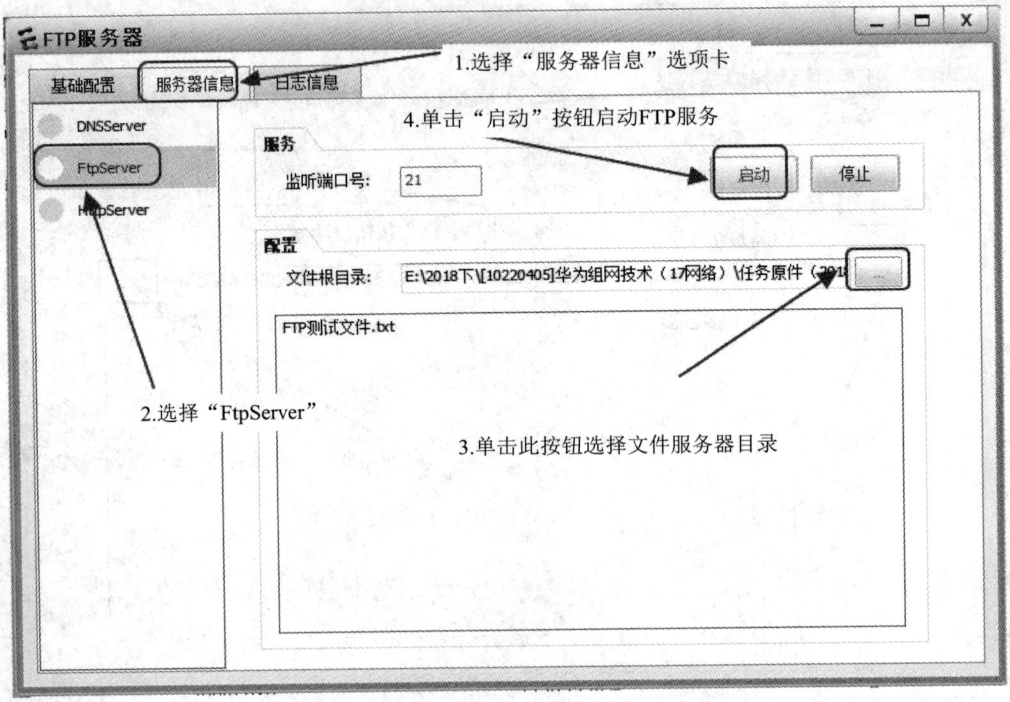

图 24-8　配置 FTP 服务器 2

③ 配置 Client1、Client2 端口的 IP 地址，如图 24-9、图 24-10 所示。

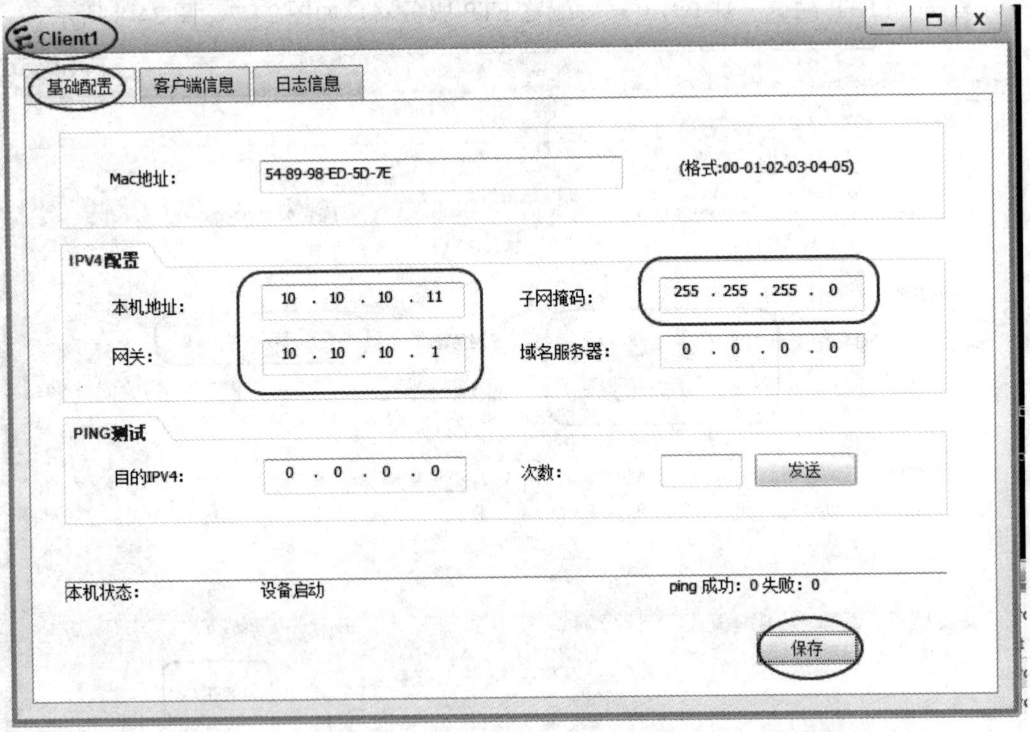

图 24-9　Client1 端口配置

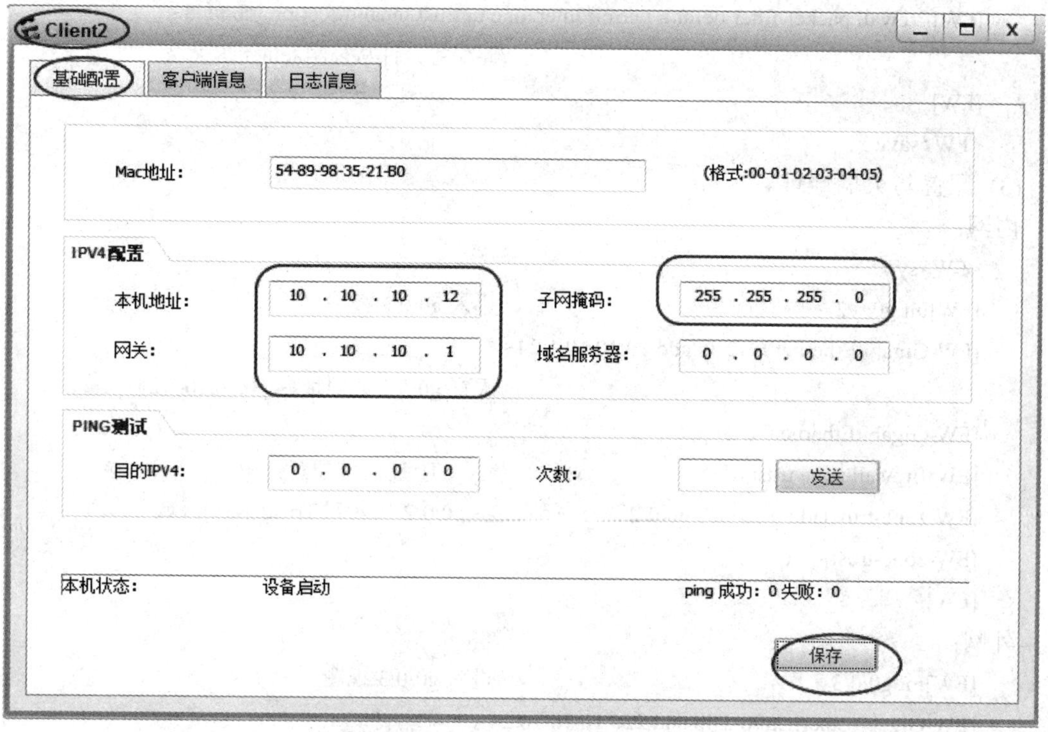

图 24-10　Client2 端口配置

④ 配置路由器 R1 端口的 IP 地址、OSPF 路由。

```
<Huawei>sys
Enter system view，return user view with Ctrl+Z.
[Huawei]sysname R1
[R1]int g0/0/0
[R1-GigabitEthernet0/0/0]ip add 220.10.10.21 24
[R1-GigabitEthernet0/0/0]
[R1]ospf
[R1-ospf-1]area 0
[R1-ospf-1-area-0.0.0.0]network 220.10.10.21 0.0.0.0
[R1-ospf-1-area-0.0.0.0]
<R1>save
```

(2) 配置防火墙 Telnet。

```
<SRG>sys                                         //进入系统视图
[SRG]sysname FW                                  //改名为 FW
[FW]user-interface vty 0 4                       //进入用户界面视图
[FW-ui-vty0-4]user privilege level 3             //设置用户界面能够访问的命令级别为 level 3
[FW-ui-vty0-4]authentication-mode password cipher xxx123456      //设置验证密码 xxx123456
[FW-ui-vty0-4]idle-timeout 30                    //设置空闲断开连接时间超时为 30 分钟
[FW-ui-vty0-4]quit
```

```
[FW]firewall packet-filter default permit interzone untrust local direction inbound
                                        //此配置允许从公网 telnet 防火墙
[FW]
<FW>save
```

(3) 配置防火墙地址。

内网：

```
<FW>sys
[FW]int g0/0/2                          //进入 g0/0/2 视图
[FW-GigabitEthernet0/0/2]ip add 10.10.10.1 24
                                        //配置 g0/0/2 的地址为 10.10.10.1/24
[FW-GigabitEthernet0/0/2]quit
[FW]firewall zone trust                 //进入 Trust 区域配置视图
[FW-zone-trust]add interface g0/0/2     //将 g0/0/2 加入到 Trust(信任)区域
[FW-zone-trust]quit
[FW]
```

外网：

```
[FW]int g0/0/3                          //进入 g0/0/3 视图
[FW-GigabitEthernet0/0/3]ip add 220.10.10.16 24
                                        //配置 g0/0/3 的地址为 220.10.10.16/24
[FW-GigabitEthernet0/0/3]quit
[FW]firewall zone untrust               //进入 Untrust(不信任)区域配置视图
[FW-zone-untrust]add interface g0/0/3   //将 g0/0/3 加入到 Untrust 区域
[FW-zone-untrust]quit
[FW]
```

DMZ：

```
[FW]int g0/0/1                          //进入 g0/0/1 视图
[FW-GigabitEthernet0/0/1]ip add 10.10.11.1 24
                                        //配置 g0/0/1 的地址为 10.10.11.1/24
[FW-GigabitEthernet0/0/1]quit
[FW]firewall zone dmz                   //进入 DMZ 区域配置视图
[FW-zone-dmz]add interface g0/0/1       //将 g0/0/1 加入到 DMZ 区域
[FW-zone-dmz]quit
[FW]
<FW>save
```

配置路由：

```
[FW]ospf 1
[FW-ospf-1]area 0
[FW-ospf-1-area-0.0.0.0]network 10.10.10.1 0.0.0.0
[FW-ospf-1-area-0.0.0.0]network 10.10.11.1 0.0.0.0
```

```
[FW-ospf-1-area-0.0.0.0]network 220.10.10.16 0.0.0.0
[FW-ospf-1-area-0.0.0.0]
<FW>save
```

(4) 配置防火墙策略。

① Trust 和 Untrust 域间：允许内网用户访问公网。

- 开启域间路由策略：

```
[FW]firewall packet-filter default permit all
```

- 配置自定义策略，实现不同的功能：

```
[FW]policy interzone trust untrust outbound
[FW-policy-interzone-trust-untrust-outbound]policy 1
[FW-policy-interzone-trust-untrust-outbound-1]policy source 10.10.10.0 0.0.0.255
[FW-policy-interzone-trust-untrust-outbound-1]action permit
[FW-policy-interzone trust-untrust-outbound-1]                //按 Ctrl+Z
[FW]
<FW>save
```

② DMZ 和 Untrust 域间：从公网访问内部服务器。

```
[FW]policy interzone untrust dmz inbound
[FW-policy-interzone-dmz-untrust-inbound]policy 2
[FW-policy-interzone-dmz-untrust-inbound-2]policy destination 10.10.11.3 0
[FW-policy-interzone-dmz-untrust-inbound-2]policy service service-set ftp
[FW-policy-interzone-dmz-untrust-inbound-2]action permit
[FW-policy-interzone-dmz-untrust-inbound-2]quit
[FW-policy-interzone-dmz-untrust-inbound]policy 3
[FW-policy-interzone-dmz-untrust-inbound-3]policy destination 10.10.11.2 0
[FW-policy-interzone-dmz-untrust-inbound-3]policy service service-set http
[FW-policy-interzone-dmz-untrust-inbound-3]action permit
[FW-policy-interzone-dmz-untrust-inbound-3]                   //按 Ctrl+Z
<FW>save
```

③ 应用 FTP 的 NAT ALG 功能。

ALG(应用层网关)：

```
[FW]firewall interzone dmz untrust                 //优先级高的区域在前
[FW-interzone-dmz-untrust]detect ftp
[FW-interzone-dmz-untrust]
<FW>save
```

④ 配置内部服务器。

```
[FW] nat server protocol tcp global 220.10.10.16 8080 inside 10.10.11.2 www
[FW] nat server protocol tcp global 220.10.10.17 ftp inside 10.10.11.3 ftp
```

⑤ 配置 NAT 策略。

Trust 和 Untrust 域间：如果是同一个区域，则 Trust 到 Trust 就是域内。

基于源 IP 地址的转换方向包括：

Outbound 方向：数据包从高安全级别流向低安全级别。

Inbound 方向：数据包从低安全级别流向高安全级别。

高优先级与低优先级是相对的，根据基于源 IP 地址端口是否转换分为 No-PAT 方式和 NAPT 方式。

No-PAT 方式：用于一对一 IP 地址转换，不涉及端口转换。

NAPT 方式：用于多对一或多对多 IP 地址转换，涉及端口转换。

通过地址池的方式配置如下：

```
[FW]nat address-group 1 220.10.10.16 220.10.10.20

[FW]nat-policy interzone trust untrust outbound
[FW-nat-policy-interzone-trust-untrust-outbound]policy 1
[FW-nat-policy-interzone-trust-untrust-outbound-1]policy source 10.10.10.0 0.0.0.255
[FW-nat-policy-interzone-trust-untrust-outbound-1]action source-nat
[FW-nat-policy-interzone-trust-untrust-outbound-1]address-group 1
[FW-nat-policy-interzone-trust-untrust-outbound-1]
[FW]int g0/0/2
[FW-GigabitEthernet0/0/2]nat enable
[FW-GigabitEthernet0/0/2]
<FW>save
```

3. 任务评价

(1) 下载任务 24 参考答案包。

(2) 解压任务 24 参考答案包。

(3) 重新启动 eNSP，依次选择“菜单”→“考试”→“阅卷”。在弹出的“阅卷”对话框中，在“标准答案文件路径”文本框中选择下载的“参考答案”文件夹中的文件，在“学生答案保存路径”文本框中选择交卷时的位置，再单击“阅卷”按钮，如图 0-9 所示，在弹出的对话框中选择“是”，即可看到阅卷结果。

4. 拓展知识

扫描下面的二维码即可在手机上阅读拓展知识。

任务 25　华为防火墙 USG5500 的配置方法

任务拓扑

任务 25 拓扑如图 25-1 所示。

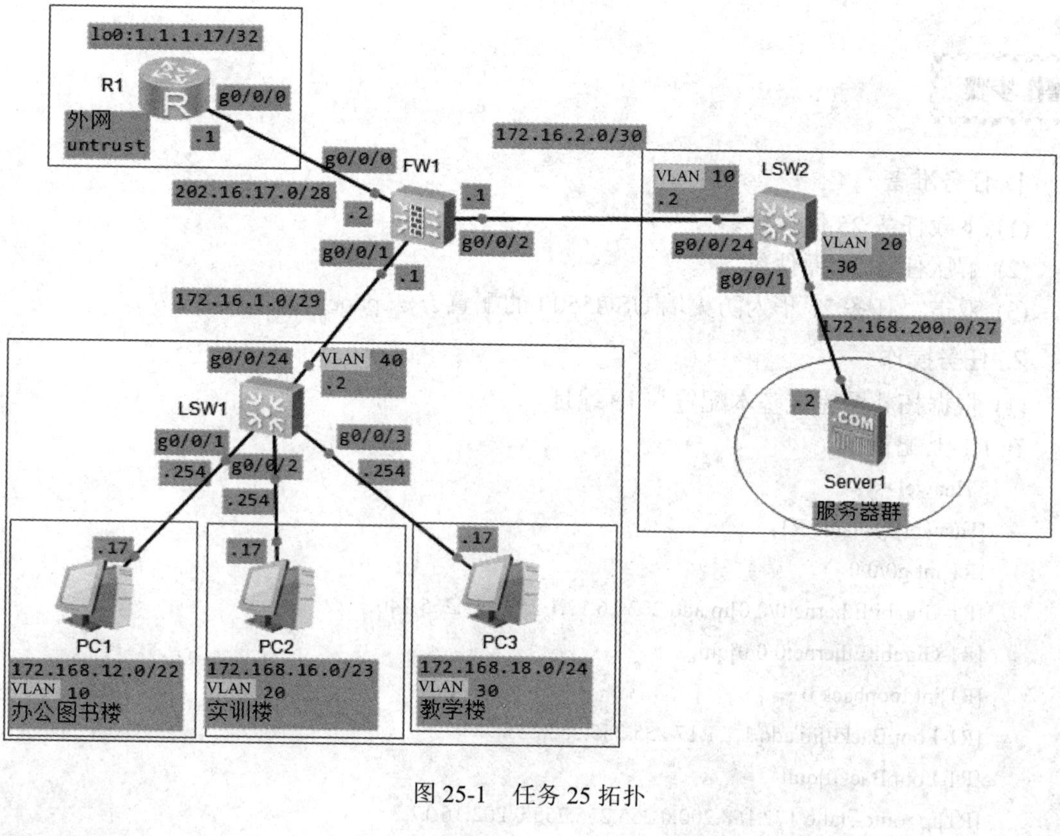

图 25-1　任务 25 拓扑

任务要求

(1) 根据拓扑图完成基本配置与 IP 编址。

(2) 实现防火墙域的管理，其中内网接入 Trust 区域，外网接入 Untrust 区域，服务器接入 DMZ 区域。

(3) 内网设备之间采用 OSPF 协议(进程号用 10)，FW 防火墙与外网路由器 R1 之间采用静态路由。

(4) 防火墙使用 NAT 完成内网的地址转换，实现内网用户对 Internet(R1 仿真)的访问。

① 外网用户可以通过目的 NAT 技术访问服务器。

② 办公楼用户 PC1 只能在工作日访问外网，可以随时访问 DMZ。

③ 实训楼用户 PC2 只能访问 DMZ 域中的服务器，不能访问外网。

④ 教学楼用户客户端只能访问服务器的 FTP 服务。

任务目标

(1) 进一步了解华为防火墙相关知识；

(2) 掌握防火墙的基本配置方法。

操作步骤

1. 任务准备

(1) 下载任务 25 原件包。

(2) 解压任务 25 原件包。

(3) 双击“任务 25 华为防火墙 USG5500 的配置方法.paper”，启动任务。

2. 任务操作

(1) 根据拓扑图完成基本配置与 IP 编址。

在 R1 上配置：

```
<Huawei>sys
[Huawei]sysname R1
[R1]int g0/0/0
[R1-GigabitEthernet0/0/0]ip add 202.16.17.1 255.255.255.240
[R1-GigabitEthernet0/0/0]quit
[R1]int loopback 0
[R1-LoopBack0]ip add 1.1.1.17 255.255.255.255
[R1-LoopBack0]quit
[R1]ip route-static 172.168.200.0 255.255.255.0 202.16.17.2
[R1]quit
<R1>save
```

PC1、PC2 和 PC3 的配置如图 25-2～图 25-4 所示。

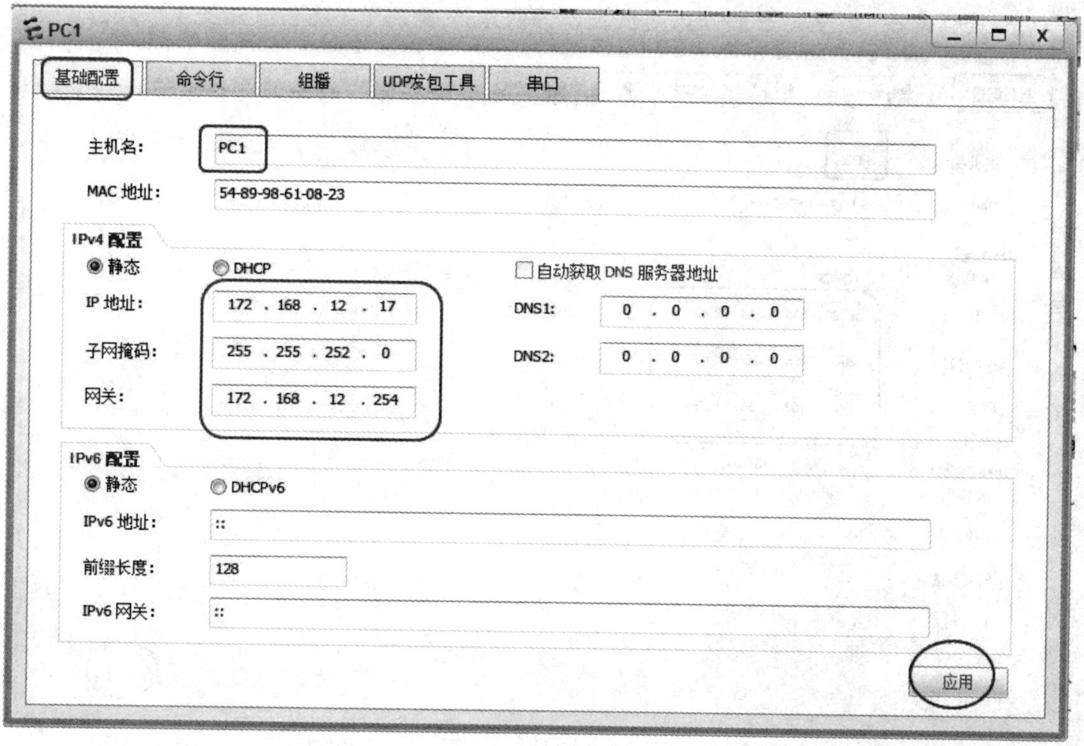

图 25-2　配置 PC1

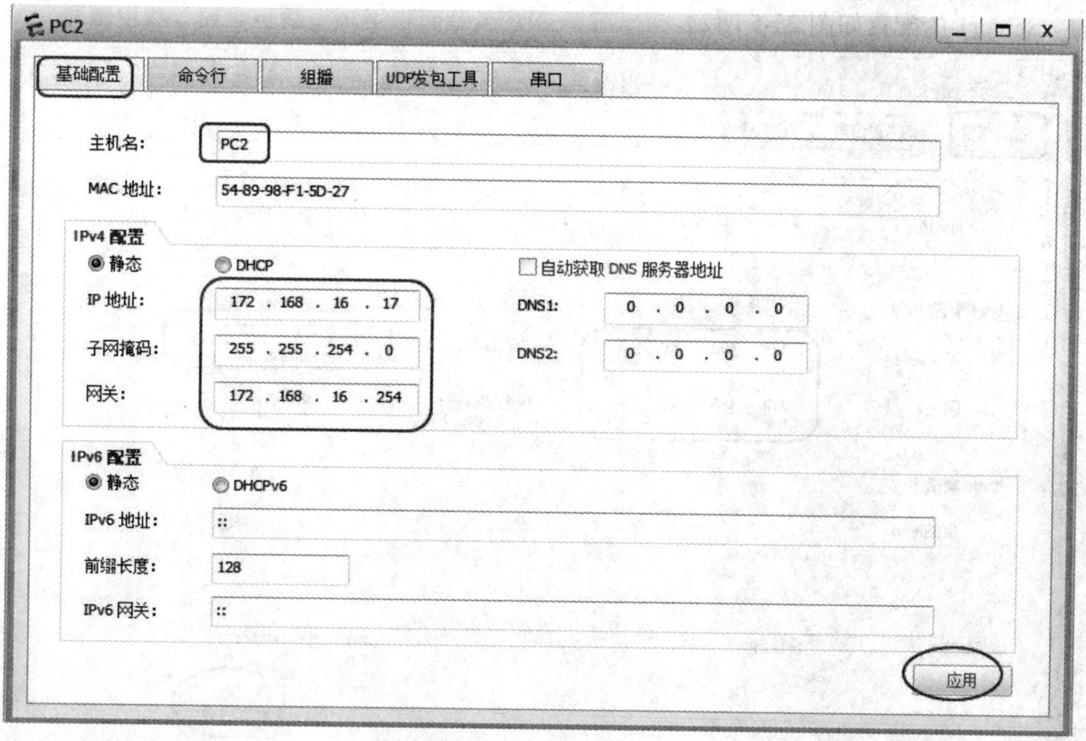

图 25-3　配置 PC2

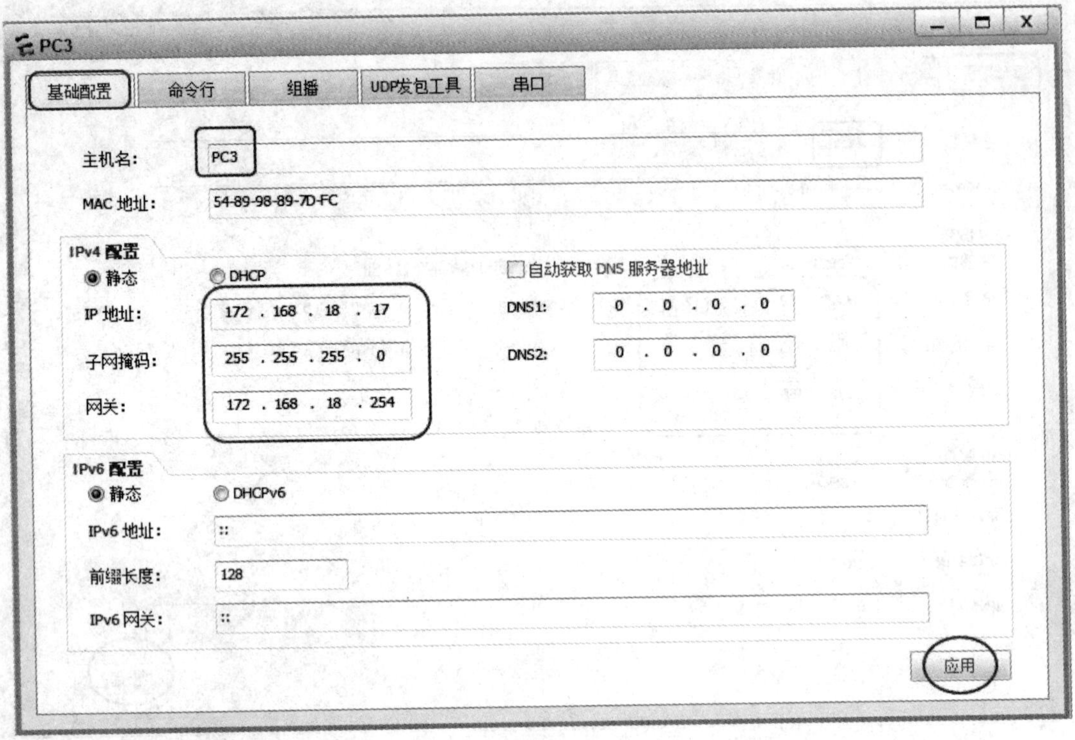

图 25-4　PC3 配置

Server1 的配置如图 25-5 所示。

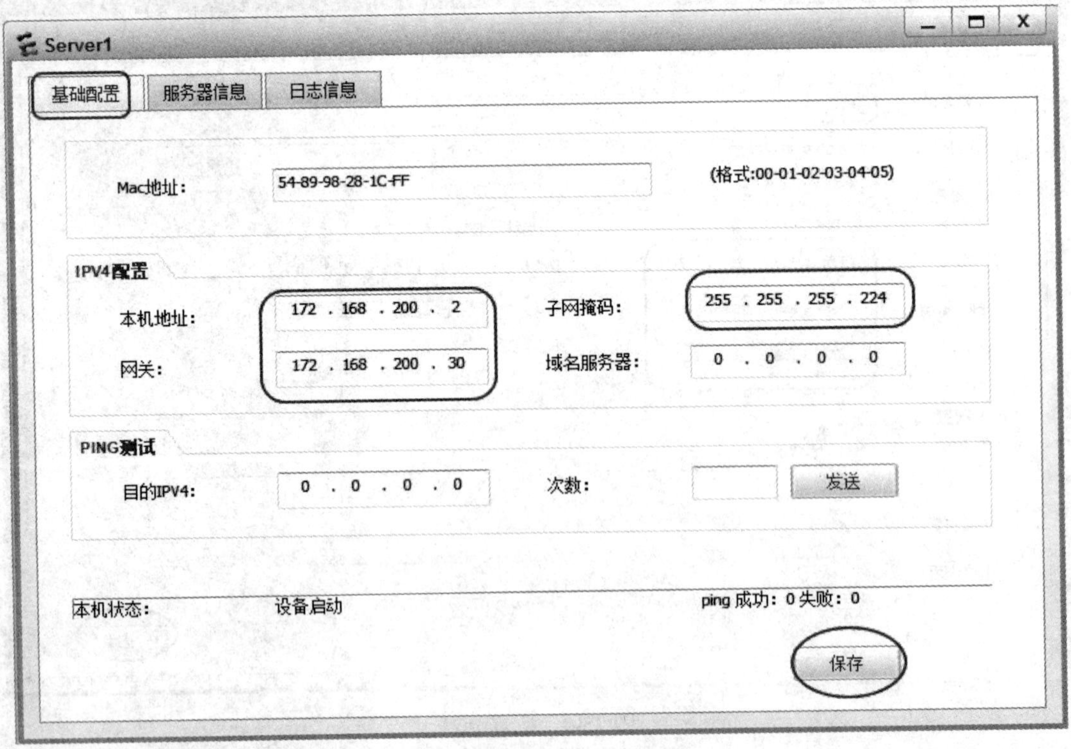

图 25-5　配置 Server1

(2) 配置交换机。

① 配置交换机 SW1：

```
<Huawei>sys
[Huawei]sysname SW1
[SW1]vlan batch 10 20 30 40
[SW1]int vlanif 10
[SW1-Vlanif10]ip add 172.168.12.254 255.255.252.0        //子网掩码可用 22
[SW1-Vlanif10]int vlanif 20
[SW1-Vlanif20]ip add 172.168.16.254 255.255.254.0        //子网掩码可用 23
[SW1-Vlanif20]int vlanif 30
[SW1-Vlanif30]ip add 172.168.18.254 255.255.255.0        //子网掩码可用 24
[SW1-Vlanif30]int vlanif 40
[SW1-Vlanif40]ip add 172.16.1.2 255.255.255.248          //子网掩码可用 29
[SW1-Vlanif40]quit
[SW1]int g0/0/1
[SW1-GigabitEthernet0/0/1]port link-type access
[SW1-GigabitEthernet0/0/1]port default vlan 10
[SW1-GigabitEthernet0/0/1]int g0/0/2
[SW1-GigabitEthernet0/0/2]port link-type access
[SW1-GigabitEthernet0/0/2]port default vlan 20
[SW1-GigabitEthernet0/0/2]int g0/0/3
[SW1-GigabitEthernet0/0/3]port link-type access
[SW1-GigabitEthernet0/0/3]port default vlan 30
[SW1-GigabitEthernet0/0/3]int g0/0/24
[SW1-GigabitEthernet0/0/24]port link-type access
[SW1-GigabitEthernet0/0/24]port default vlan 40
[SW1-GigabitEthernet0/0/24]quit
[SW1]int null 0
[SW1-NULL0]ospf 10
[SW1-ospf-10]area 0
[SW1-ospf-10-area-0.0.0.0]network 172.16.1.2 0.0.0.0
[SW1-ospf-10-area-0.0.0.0]network 172.168.12.254 0.0.0.0
[SW1-ospf-10-area-0.0.0.0]network 172.168.16.254 0.0.0.0
[SW1-ospf-10-area-0.0.0.0]network 172.168.18.254 0.0.0.0
[SW1-ospf-10-area-0.0.0.0]quit
[SW1-ospf-10]quit
[SW1]ip route-static 0.0.0.0 0.0.0.0 172.16.1.1
[SW1]quit
<SW1>save
```

② 配置交换机 SW2：

```
<Huawei>sys
[Huawei]sysname SW2
[SW2]vlan batch 10 20
[SW2]int vlanif 10
[SW2-Vlanif10]ip address 172.16.2.2 255.255.255.252
[SW2-Vlanif10]int vlanif 20
[SW2-Vlanif20]ip add 172.168.200.30 255.255.255.224
[SW2-Vlanif20]quit
[SW2]int g0/0/1
[SW2-GigabitEthernet0/0/1]port link-type access
[SW2-GigabitEthernet0/0/1]port default vlan 20
[SW2-GigabitEthernet0/0/1]int g0/0/24
[SW2-GigabitEthernet0/0/24]port link-type access
[SW2-GigabitEthernet0/0/24]port default vlan 10
[SW2-GigabitEthernet0/0/24]quit
[SW2]int null 0
[SW2-NULL0]ospf 10
[SW2-ospf-10]area 0
[SW2-ospf-10-area-0.0.0.0]network 172.16.2.2 0.0.0.0
[SW2-ospf-10-area-0.0.0.0]network 172.168.200.30 0.0.0.0
[SW2-ospf-10-area-0.0.0.0]quit
[SW2-ospf-10]quit
[SW2]ip route-static 0.0.0.0 0.0.0.0 172.16.2.1
[SW2]quit
<SW2>save
```

(3) 配置防火墙 FW。

① 配置接口：

```
<SRG>sys
[SRG]sysname FW
[FW]int g0/0/1
[FW-GigabitEthernet0/0/1]ip add 172.16.1.1 255.255.255.248
[FW-GigabitEthernet0/0/1]int g0/0/2
[FW-GigabitEthernet0/0/2]ip add 172.16.2.1 255.255.255.252
[FW-GigabitEthernet0/0/2]int g0/0/0
[FW-GigabitEthernet0/0/0]ip add 202.16.17.2 255.255.255.240
[FW-GigabitEthernet0/0/0]quit
```

② 将接口加入到相应的域：

```
[FW]firewall zone trust
```

```
[FW-zone-trust]add interface g0/0/1
[FW-zone-trust]quit
[FW]firewall zone untrust
[FW-zone-untrust]add interface g0/0/0
[FW-zone-untrust]quit
[FW]firewall zone dmz
[FW-zone-dmz]add interface g0/0/2
[FW-zone-dmz]quit
[FW]
```

③ 配置路由：

```
[FW]ospf 10
[FW-ospf-10]area 0
[FW-ospf-10-area-0.0.0.0]network 172.16.1.1 0.0.0.0
[FW-ospf-10-area-0.0.0.0]network 172.16.2.1 0.0.0.0
[FW-ospf-10-area-0.0.0.0]network 202.16.17.2 0.0.0.0
[FW-ospf-10-area-0.0.0.0]quit
[FW-ospf-10]quit
[FW]ip route-static 0.0.0.0 0.0.0.0 202.16.17.1
[FW]
```

④ 开启域间策略：

```
[FW]firewall packet-filter default permit all
```

⑤ 配置 NAT 地址池及 NAT Server：

```
<FW>sys
[FW]nat address-group 1 202.16.17.3 202.16.17.5
[FW]nat server 0 global 202.16.17.4 inside 172.168.200.2
[FW]time-range 1 08:00 to 17:00 working-day            //时间策略
[FW]
```

⑥ 配置自定义策略，实现不同的功能：

```
[FW]policy interzone trust untrust outbound
[FW-policy-interzone-trust-untrust-outbound]policy 2
[FW-policy-interzone-trust-untrust-outbound-2]action deny
[FW-policy-interzone-trust-untrust-outbound-2]policy source 172.168.16.17 0
[FW-policy-interzone-trust-untrust-outbound-2]quit
[FW-policy-interzone-trust-untrust-outbound]quit

[FW]policy interzone trust dmz outbound
[FW-policy-interzone-trust-dmz-outbound]policy 1
[FW-policy-interzone-trust-dmz-outbound-1]action permit
[FW-policy-interzone-trust-dmz-outbound-1]policy service service-set ftp
```

```
[FW-policy-interzone-trust-dmz-outbound-1]policy source 172.168.18.17 0
[FW-policy-interzone-trust-dmz-outbound-1]policy destination 172.168.200.2 0
[FW-policy-interzone-trust-dmz-outbound-1]policy 2
[FW-policy-interzone-trust-dmz-outbound-2]action deny
[FW-policy-interzone-trust-dmz-outbound-2]policy source 172.168.18.17 0
[FW-policy-interzone-trust-dmz-outbound-2]quit
[FW-policy-interzone-trust-dmz-outbound]quit

[FW]nat-policy interzone trust untrust outbound
[FW-nat-policy-interzone-trust-untrust-outbound]policy 1
[FW-nat-policy-interzone-trust-untrust-outbound-1]action source-nat
[FW-nat-policy-interzone-trust-untrust-outbound-1]policy time-range 1
[FW-nat-policy-interzone-trust-untrust-outbound-1]address-group 1
[FW-nat-policy-interzone-trust-untrust-outbound-1]          //按 Ctrl+Z
<FW>save
```

3. 任务评价

(1) 下载任务 25 参考答案包。

(2) 解压任务 25 参考答案包。

(3) 重新启动 eNSP，依次选择“菜单”→“考试”→“阅卷”。在弹出的“阅卷”对话框中，在“标准答案文件路径”文本框中选择下载的“参考答案”文件夹中的文件，在“学生答案保存路径”文本框中选择交卷时的位置，再单击“阅卷”按钮，如图 0-9 所示，在弹出的对话框中选择“是”，即可看到阅卷结果。

4. 拓展知识

扫描下面的二维码即可在手机上阅读拓展知识。